基礎化学コース

界面化学

近澤正敏・田嶋和夫 共著

井上晴夫・北森武彦・小宮山真・高木克彦・平野眞一　編

丸善出版

発刊にあたって

　大学での化学教育は現在大きな変革期を迎えている．細分化と多様化を急速に繰り返す現代技術を背景に，確固たる基礎教育の理念のあり方が問われているのである．また，大学進学率の着実な増加を背景に，より分かりやすい講義が一層求められている一方で，大学院重点化による基礎教育と専門教育の再編成，再構築が行われようとしている．この目的は，学部段階では徹底的な基礎教育を行い，大学院における専門分野を展開可能にする基礎体力を十分に養成しようというものである．基本的な化学教育体系そのものは短期的に変化するものではないが，従来に比べて学部段階でさらにじっくりと時間をかけながら十分な基礎教育を行い，それを専門教育につなげるということである．いい換えれば，知識優先の教育ではなく，基礎概念をいかに把握するかに重点を置いた教育を行おうとしているのである．このような状況を背景にして，今回新たに，"基礎化学コース"として化学領域全般にわたる教科書シリーズを発刊することになった．編集委員会では新しいカリキュラムを先導する内容構成となるよう，シリーズを構成する各巻を選定し，学部教育に熱意ある適任の方々にご執筆をお願いした．

　編集にあたって具体的には特に次の点に留意した．

* 著者の自己満足に陥りがちな微に入り細にわたる説明よりも，基礎的な概念がどうしたら理解されるかに主眼をおいた．
* 知識の羅列や押しつけではなく，共に考えるという姿勢で読者に語りかける口語調の文体とした．
* 図・表・イラスト・囲み記事を多く取り入れ，要点が把握しやすい構成とした．
* 各章の初めにその章で学ぶポイントを整理して掲げた．
* 数式の導入，展開よりも式のもつ物理的・化学的意味を理解させることに比重を置いた説明をした．

編集委員会としては"基礎化学コース"の特徴を明示すると共に，各巻の構成，内容構成の詳細まで意を尽くしたつもりであるが，最も重要な編集作業は，適任の著者にご執筆をお願いすることであると考えている．その意味で大変充実した執筆陣をそろえる事ができたと自負している．編集委員会の様々な要望を甘受して，貴重な時間を割いてご執筆戴いた著者の方々にこの場を借りて深く感謝する次第である．また，丸善(株)出版事業部の中村俊司氏，小野栄美子氏，中村理氏にはシリーズの企画段階から発刊の具体的作業に至るまで大変お世話になった．心より御礼申し上げる．

　本シリーズの各巻は半期の講義（約13〜15回）に使用することを念頭に置いている．基本的には大学学部，化学系の学生が体系的に化学領域全般を学習する際の教科書として位置づけているが，上述のように知識優先ではなく基礎概念の把握に焦点を当てているので，化学系以外の大学学部教科書としても大変意味のあるものになったと自負している．同様の理由で工業系，化学系短期大学，高等専門学校においても教科書として活用して戴くことを期待している．

　平成7年　師走

編集委員一同

はじめに

　界面化学は物質の表面や他の物質との界面でおこる現象を研究対象とした学問で，物理化学の一分野として系統的に発展を遂げてきた．とくに，近年界面現象に関する測定技術の進歩や新しい理論によって，界面でおこる現象が正確に理解されるようになり，ナノケミストリーというまったく新しい研究分野の一つとして，著しい発展を遂げている．新しい材料の研究開発が微細化，高機能化されるにつれて，エレクトロニクスにおいて，表面や界面での現象はきわめて重要視されている．また，医学・医薬・生化学の分野においても界面現象が多岐にわたって関連しており，新しい機材や剤型の開発には洗練された高度の知的情報や界面化学的技術が強く望まれている．このように，現代産業における多くの企業技術や最新の生命化学において，界面化学の現象が製品開発や基礎研究を深く支配しているにもかかわらず，新しい界面化学の知識や技術を大学で教育しているところがきわめて少ない．

　本書は理工系大学の3,4年生や大学院で初めて界面化学を学習する学生をおもな読者と想定して，新しい情報やデータをもとに基礎をできるだけ網羅し，理解しやすく，簡潔に記述した教科書である．これまでに界面化学に関する教科書や参考書は数多く出版されているが，本書の特徴は界面現象を中心として液体と固体の両方の表面について学べることである．そのため，企業の研究者や技術者が初めて界面化学に関する研究や仕事に取りかかるようなときのゲートウェイとしても十分参考になると思われる．

　本書を教科書として使用するときのために，各章ごとの構成・内容は以下のように配慮した．1章は純物質の表面・界面について，液体や固体の表面・界面はどのような構造や状態になっているかを把握する．そして，物質の表面は内部より高いエネルギー状態にあるために，この高いエネルギーを低くし，安定な表面にするために表面の変形や吸着などがおこることを理解する．2章は表面・界面の物

理化学で，液体や固体の表面・界面エネルギーや界面電位の変化によっておこる界面現象を学ぶ．そして，表面エネルギーや界面電位の変化を定量的に表す方法や測定する方法を学び，表面における吸着分子の物質量とエネルギーとの関係など界面熱力学を理解する．3章は液体表面における分子膜について，分子膜の種類や状態は両親媒性分子の分子構造により異なることを把握する．分子膜が形成する規則的な分子配向や組織的な層状構造について学び，組織分子膜の機能や利用し得る膜形態を理解する．

4章は固体表面における吸着膜で，固体表面における気体の物理吸着についていろいろなタイプの理論的取扱いを学ぶ．固体表面における気体の化学吸着から固体の表面構造や性質などを定量的に知ることができることを理解する．5章はコロイドの分散系について気体，液体，固体などの微粒子の生成機構や安定化機構について学ぶ．さらに，界面の安定化剤として界面活性剤の水溶液物性を学ぶ．固体の微粒子，エマルションや泡の物性を理解する．6章は主に固体表面に関して，新しい分析・評価に関する測定法や得られる情報について学ぶ．

大学で教科書として使用するとき，通年で28〜30時間で講義できるように内容を選定した．半期で液体系の界面化学を学ぶときには1章の一部，2章，3章および5章を選び，固体系を学ぶには1章，2章の一部，4章，5章の一部と6章を選ぶことをお奨めする．また，各章に設けた問題も活用していただきたい．

本書を出版するにあたりこの"基礎化学コース"の編集・企画責任者である東京都立大学大学院教授井上晴夫先生に執筆の機会をいただいたご厚意と度々の激励に深く感謝いたします．また，神奈川大学工学部今井洋子女史には査読や校正等に多大なご尽力を賜りました．ここに記して厚くお礼申し上げます．最後に，本書の出版に際して，丸善出版事業部糠塚さやかさん，三澤まどかさんには体裁・校正など，多大なご便宜を払っていただきました．有り難うございました．

共著のため表現が必ずしも統一されていない箇所があるが，ご容赦いただきたい．なお，記述内容につき，不明や誤りがありましたら，神奈川大学工学部田嶋和夫にご呵責をくださり，ご教示いただければ幸甚です．

2001年　盛夏

近澤　正敏

田嶋　和夫

編者・執筆者一覧

編集委員　井上　晴夫　東京都立大学大学院工学研究科応用化学専攻
　　　　　北森　武彦　東京大学大学院工学系研究科応用化学専攻
　　　　　小宮山　真　東京大学先端科学技術研究センター
　　　　　高木　克彦　名古屋大学大学院工学研究科物質化学専攻
　　　　　平野　眞一　名古屋大学大学院工学研究科応用化学専攻

執　筆　者　近澤　正敏　東京都立大学大学院工学研究科応用化学専攻
　　　　　　田嶋　和夫　神奈川大学大学院工学研究科応用化学専攻

(2001年8月現在)

目　次

1章　純物質の表面・界面 ————————————————————— *1*

1.1　液体の表面　*1*

- 1.1.1　蒸発と凝縮　*1*
- 1.1.2　表面分子の分子配向　*2*
- 1.1.3　表面の構造　*4*

1.2　固体の表面　*5*

- 1.2.1　結合の不飽和　*5*
- 1.2.2　表面自由エネルギー　*7*
- 1.2.3　表面の緩和　*10*
- 1.2.4　実在表面　*15*
- 1.2.5　固体表面の機能と表面層の厚み　*16*

演習問題　*18*

2章　表面・界面の物理化学 ————————————————————— *19*

2.1　表面張力・界面張力　*19*

- 2.1.1　表面張力や界面張力はどうして存在するのか　*19*
- 2.1.2　表面張力と表面自由エネルギー　*22*
- 2.1.3　表面張力・界面張力の測定　*23*
- 2.1.4　表面張力・界面張力の値　*27*

2.2　界面の熱力学　*28*

- 2.2.1　液体表面　*28*
- 2.2.2　溶液表面のギブズ吸着量　*30*
- 2.2.3　油水界面のギブズ吸着量　*34*
- 2.2.4　固体表面の偏析現象　*35*
- 2.2.5　純金属の表面偏析　*36*
- 2.2.6　合金の表面偏析　*38*
- 2.2.7　表面偏析現象と熱力学　*38*

2.3 毛管現象　*41*

2.4 界面動電現象　*46*

 2.4.1 液体中で粒子はどうして帯電するのであろうか　*46*
 2.4.2 液体中の帯電はどのような構造になっているか　*50*
 2.4.3 液体中で帯電した粒子はどのような現象を示すか　*51*

2.5 ぬれ　*56*

 2.5.1 接触角の測定　*58*
 2.5.2 紛体のぬれ性，接触角の測定　*59*
 2.5.3 表面改質　*60*
 2.5.4 臨界表面張力　*63*

2.6 微粒子　*65*

 2.6.1 液体微粒子　*65*
 2.6.2 固体微粒子　*68*

演習問題　*80*

3章　液体表面上の薄膜　——————*81*

3.1 油の広がり　*81*

 3.1.1 凝集仕事と付着仕事　*81*
 3.1.2 油の広がり係数　*84*

3.2 単分子膜　*86*

 3.2.1 表面圧と分子面積　*87*
 3.2.2 単分子膜の状態：π-A 曲線　*88*
 3.2.3 単分子膜の変形と流動　*91*

3.3 ラングミュア-ブロジェット膜　*93*

 3.3.1 LB 膜のつくり方とタイプ　*93*
 3.3.2 分子の配向　*95*
 3.3.3 LB 膜の応用　*98*

3.4 多分子膜　*99*

 3.4.1 二分子膜とベシクル　*99*
 3.4.2 ベシクル形成剤と応用　*103*
 3.4.3 自然形成ベシクル　*104*

演習問題　*105*

4章　固体表面における吸着 ——————————— *107*

- 4.1　吸着の定義　*107*
- 4.2　吸着理論と吸着等温線　*109*
- 4.3　吸着速度　*115*
- 4.4　液相吸着　*116*
- 4.5　物理吸着の応用　*117*
  - 4.5.1　表面積の測定　*117*
  - 4.5.2　細孔分布の測定　*119*
- 4.6　化学吸着　*124*
- 4.7　固体表面の酸・塩基性　*124*
  - 4.7.1　酸・塩基性の定義　*124*
  - 4.7.2　酸・塩基の定量的表現　*125*
  - 4.7.3　酸点の質の違い（ブレンステッド酸点・ルイス酸点）　*131*
- 4.8　固体表面の酸化・還元性　*132*
- 演習問題　*134*

5章　コロイド分散系 ——————————————— *135*

- 5.1　コロイドの生成　*135*
  - 5.1.1　コロイドの定義と分類　*135*
  - 5.1.2　コロイド粒子の生成　*136*
- 5.2　コロイドの安定性　*144*
  - 5.2.1　コロイドの表面構造　*144*
  - 5.2.2　DLVO理論　*147*
- 5.3　エマルション　*150*
  - 5.3.1　エマルションの調製法　*151*
  - 5.3.2　エマルションの形態　*154*
  - 5.3.3　エマルションの合一　*155*
  - 5.3.4　エマルションの安定性の測定　*156*
  - 5.3.5　エマルションの安定性の理論　*157*
- 5.4　界面活性剤とその溶液物性　*159*
  - 5.4.1　化学構造と機能　*159*

   5.4.2 界面活性剤溶液の性質 *165*
   5.4.3 熱力学によるミセル形成熱および可溶化熱の求め方 *174*
 5.5 液体の薄膜と泡 *176*
   5.5.1 液体薄膜の構造 *176*
   5.5.2 泡 *179*
   5.5.3 消泡と抑泡 *181*
   5.5.4 泡の利用と障害 *183*
 演習問題 *184*

6章　表面・界面の評価 —————————— *185*

 6.1 表面の評価，物性の測定 *185*
   6.1.1 表面自由エネルギー *185*
   6.1.2 表面エネルギー *189*
   6.1.3 ぬれ性 *190*
   6.1.4 固液界面エネルギーと湿潤熱 *190*
 6.2 表面・界面分析 *193*
   6.2.1 電子分光法 *194*
   6.2.2 フーリエ変換赤外分光法 *197*
   6.2.3 走査トンネル顕微鏡 *198*
   6.2.4 原子間力顕微鏡 *200*

演習問題の解答 ————————————— *201*

索　引 ———————————————— *207*

純物質の表面・界面

- 液体や固体の表面・界面の構造や状態を把握する.
- 物質表面の高いエネルギーを緩和させるために表面積の減少や吸着がおこることを理解する.

1.1 液体の表面

純粋な液体がその蒸気相と接している表面はどのような構造になっているのであろうか.固体の表面構造は走査型トンネル顕微鏡(STM)や原子間力顕微鏡(AFM)で直接調べることによって,原子の秩序的配列や結晶の格子欠陥・ホールなどを鮮明に解析することが可能である.しかし,液体の表面構造はいまだに直接解明されていないだけでなく,表面近傍における分子の配向や密度分布などの測定も容易ではない.そのため,液体の表面構造はその液体の内部相とその蒸気相におけるそれぞれの物理的状態から理論的に界面状態を推定するに留まっている.統計熱力学の方法によって,単純な液体の表面構造は解析されている.

1.1.1 蒸発と凝縮

液相の分子が液相の表面から気相に移行する現象を蒸発(evapolation;または気化(vaparization))といい,その気相を蒸気相という.蒸気相の分子が液相に移る現象を凝縮(condensation;または液化(liquefaction))という.蒸発と凝縮は温度が一定の場合,蒸気圧が飽和蒸気圧になるまで蒸発の方が激しく進行する.飽和蒸気圧に達すると,蒸発と凝縮の程度は同じ頻度となり,分子の液相・気相間の移行は動的に平衡の状態となる.この状態を熱的平衡状態という.この平衡状態で,1 mol の液体が蒸発する熱が蒸発熱で凝縮熱に等しい.いい換えると,液相の分子のエネルギー状態は気相の分子より 1 mol あたり蒸発熱(潜熱)だ

け減少し，安定化している．飽和蒸気圧は温度とともに上昇して，大気圧に等しくなったとき蒸発は液体の表面からだけでなく内部からもおこる．この状態が沸騰（boiling）である．

液面がメニスカスや水滴のように曲面になっていると，温度が変わらなくても飽和蒸気圧は異なってくる．温度 T K のとき，平らな液面の飽和蒸気圧を p_0，小水滴のように凸面での飽和蒸気圧を p，液滴の半径を r，液体の表面張力を γ，密度を D，その液体のモル質量 M で，蒸気相は気体の法則に従うとすると，

$$RT \ln p/p_0 = 2\gamma M/(rD) \tag{1.1}$$

となる．ここで，R は気体定数である．式(1.1)の関係はケルビンの式とよばれる．液滴の半径 r が小さくなると，飽和蒸気圧は平らな液面の飽和蒸気圧より増加する．たとえば，液滴の半径が $r=10$ nm では，$p/p_0=1.114$ となる．液滴はその半径の大きな液滴よりも小さな液滴の方が蒸発しやすい．このような現象を等温蒸留（isothermal distillation）という．式(1.1)の実験的証明は Thoma によって調べられている．また，液面が凹面の場合，その液体の内部圧は後述する毛管現象（2.3 節）でおこるようにラプラスの式に従い $2\gamma/r$ だけ減少する．

1.1.2 表面分子の分子配向

液体表面の分子は蒸発と凝縮だけでなくブラウン運動（Brownian motion）もしている．分子のこのような並進運動以外に，アルコール，酸，水などの非球型分子は気液界面でピコ秒からナノ秒の速度で熱的に安定な分子配向をとる．ラングミュアは図 1.1 に示すように，アルコールの分子エネルギーの観点から分子配向を示している．図(a)の分子配向は 190 erg cm^{-2} となり，図(b)の配向では 50 erg cm^{-2} となる．このエネルギー差は 1 分子あたり $\varepsilon=30\times10^{-14}$ erg となる．この値は分子の熱運動（$kT=4\times10^{-14}$ erg）と比較して，ボルツマン分布 $\exp(-\varepsilon/kT)$ で約 10^5 となるので，図(b)の方が安定な分子配向であることになる．

ハーキンズは図 1.2 に示すような断面積 1 cm^2 の液体柱の液体 A の表面張力 γ_A と水 B の表面張力 γ_B およびその界面張力 γ_{AB} から，凝集仕事（work of cohesion）w_{AA} と付着仕事（work of adhesion）w_{AB} を

$$w_{AA} = 2\gamma_A \tag{1.2}$$

$$w_{AB} = \gamma_A + \gamma_B - \gamma_{AB} \tag{1.3}$$

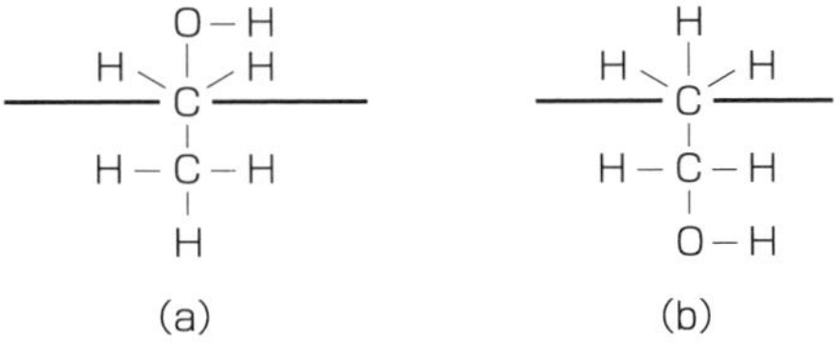

図 1.1 気液界面におけるエタノール分子の分子配向

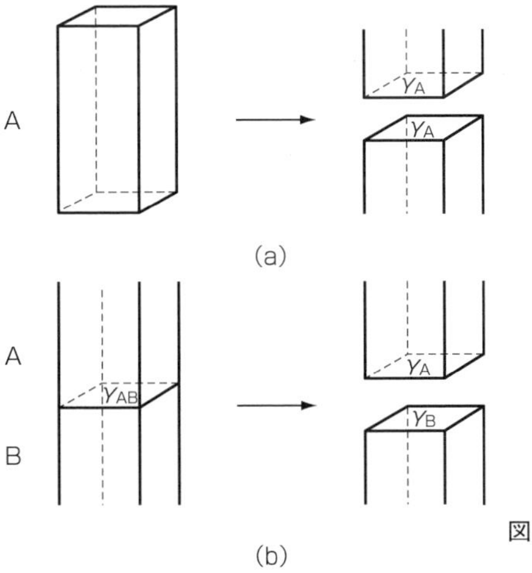

図 1.2 液体の凝集仕事と付着仕事
 (a) 液体 A (b) 液体 A と水 B

表 1.1 液体の凝集仕事と付着仕事 (20°C)

液体-空気界面	凝集仕事 erg cm^{-2}	液体-水界面	付着仕事 erg cm^{-2}
ヘプタン	40	ヘプタン-水	42
オクタン	44	オクタン-水	44
ヘプタン酸	57	ヘプタン酸-水	95
1-オクタノール	55	1-オクタノール-水	92
水	145.76		

から表1.1のように求め,界面における分子配向を解析した.その結果,非極性液体の w_{AA} とその液体-水界面の w_{AB} の値はほぼ同じかいくぶん w_{AB} の方が小さくなるが,極性分子の w_{AA} とその液体-水界面の w_{AB} の値は極めて大きい差異となった.この差異は極性分子の極性部位が水に配向していることを示している.

極性分子の液面における分子配向は分子間ポテンシャルから統計的に解析が行われている.たとえば,Wilsonらは,水分子の分子間ポテンシャルエネルギーを

用いて，動的計算から水分子は蒸気相に OH 部位を向けて配向しているといっている．しかし，液体表面の分子配向を直接測定することはまだ多くの困難があるので，今後の問題となっている．

1.1.3 表面の構造

アイリングは統計熱力学の考えによって液体表面の構造を推定し，分子密度が約 3 分子層厚で液体内部から蒸気相に移行することを示している．図 1.3 はアルゴン分子の大きさや分子間力などの固有値を用いて計算された界面領域の分子密

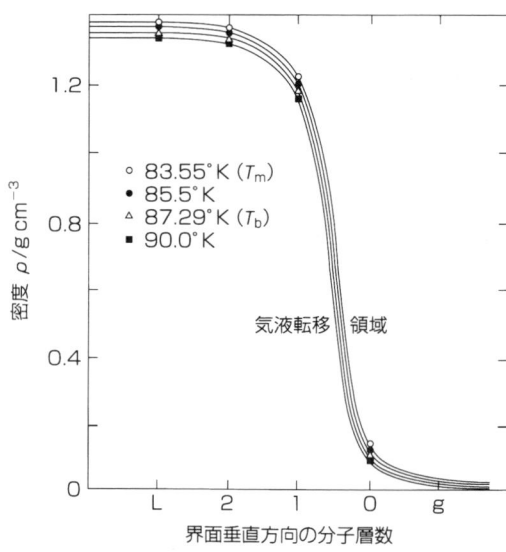

図 1.3　4 K でのアルゴンの気液界面における分子密度変化
〔H. Eyring and M. S. Jhon, "Significant Liquid Structures", John Wiley (1969), p. 100〕

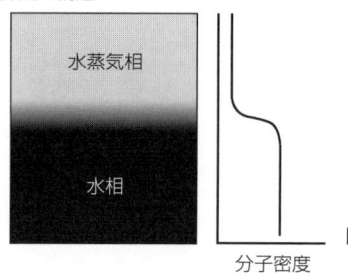

図 1.4　水の気/水界面における構造と界面近辺での水分子の密度変化を示す模式図

度変化を示す．アルゴンに対して，水面の分子密度は約 1 nm の領域で変化しているといわれ，極性分子の水の表面はいくぶん界面領域が広がっている．Chang は液体の表面相と表面エネルギーについて詳細な検討を行っている．一般に，液体表面は数分子厚の範囲で分子密度が連続的に凝集相から蒸気相に移行している．そのため，液相の表面近傍における分子密度は液体内部より粗になり，圧力も内部より低下していると考えられる．この状態は，液体表面を熱力学的に考えるとき，表面過剰体積の概念を理解するうえで重要となる．

気体と気体の界面は存在しないが，2 種類の連続相が接する界面は物質的にもエネルギー的にも，たとえば，図 1.4 に示すように界面をはさんである範囲の広がりをもって変化している．このように，内部相に比べて界面領域は分子密度が変化しているため，分子間の凝集エネルギーは内部と界面領域とで差異が現れる．単位面積あたりのこのエネルギー差がその液体の表面張力となって現れる．

1.2 固体の表面

物質は，その融点以下の温度では流動性をもたず，固体としていろいろな形状で存在することができる．その固体の表面をミクロ的に眺めると，結合の連続性が切断され不飽和な結合状態であることに最大の特徴がある．また固体表面を構成している原子，イオン，分子のポテンシャルエネルギーが隣接同士の間で違っていても，表面拡散の活性化エネルギーが一般に高いので拡散できず，液体表面のように表面の均一化がはかれない点にも大きな特徴がある．これらの二つの特徴により固体表面の各種の性質は強く影響されている．以下にそれらについて順次述べる．

1.2.1 結合の不飽和

固体は種々の結合によって形成されている．固体の内部では，それらの結合による作用力がつりあった状態で原子，イオン，分子は存在している．結晶の場合，それらの存在位置が格子点となる．一方固体表面では，各種結合の連続性が切断されているので，化学的に活性な状態にある．また作用力の平衡は結合の切断により乱され新しい平衡状態へと移行する．この状態変化は表面のある厚みにわ

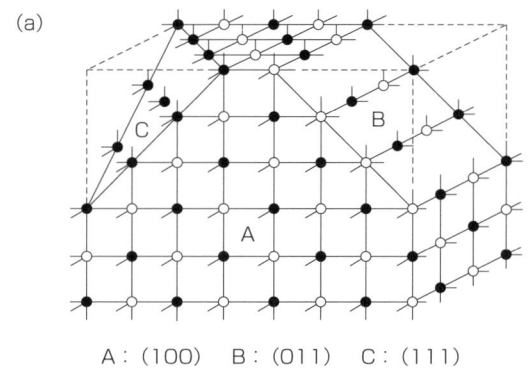

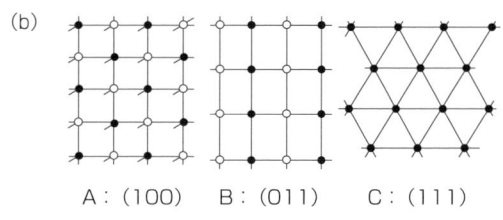

A:(100)　B:(011)　C:(111)

○:Na$^+$,　●:Cl$^-$

図 1.5 NaCl の結晶面の不飽和度とイオン配列
（a）結晶面における不飽和度の違い
（b）結晶面におけるイオンの配列状態

たっておこり，そのようすは結合の種類や物質の違いにより異なる．これら表面の変化現象は，表面緩和とよばれる．

　図 1.5 に固体表面のモデルとして食塩結晶の表面を示す．結晶内部の Na$^+$ および Cl$^-$ について考えると，それぞれのイオンにおける最近接イオンは，すべて反対イオンで 6 個存在している．したがって食塩は 6 配位の結晶である．図 (a) 中の固体表面 A では，Na$^+$ および Cl$^-$ の各イオンはそれぞれ結合の一つが切断され 5 配位の状態となっている．一方，表面 B では各イオンにつき二つの結合が切断され，また表面 C では Cl$^-$ のみが存在し，各イオンにおいては三つの結合が切断されている．このように A，B，C のそれぞれの表面に存在するイオンの種類，配列，結合の状態，結合の不飽和度は異なり特徴的なものになっている．各表面におけるイオンの密度や配列状態を，図 (b) に示す．A，B 表面では全体として電気的に中性となっているが，C 表面では，図 (a) の場合 Cl$^-$ のみより形成されていること

になる.食塩を粉砕したとき,破断によりこのC表面が粉体の表面として得られたとすると,このC表面に接していたもう一方の破断面はNa^+のみにより形成されていることになる.したがってC表面は負に帯電しており,逆にもう一方の破断面は正に帯電していることになる.イオン結晶の粉砕において,破断面上の正負のイオン数が不均等な割合で破断されていれば,その表面は帯電していることになる.これは粉体帯電の一つの原因となる.

いま,図1.5(a)に示すような食塩の結晶粒子が,食塩の飽和水溶液中に存在し,水分の蒸発によって結晶成長する過程を考えてみる.Aの表面にNa^+が析出する場合,Na^+は表面上のCl^-の真上に析出し,一つのイオン結合を形成する.一方B表面上では,2個のCl^-とイオン結合を二つ形成する位置にNa^+は析出する.またCl^-のみが存在するC表面上においては,3個のCl^-と三つのイオン結合を形成する位置にNa^+は析出する.したがってNa^+が,A,B,Cの各表面に析出したとき,析出イオンの安定度の高い順は形成可能な結合数の多い順で,C>B>Aとなり,C表面がもっとも析出しやすいことになる.また析出速度の速さもこの順番となり,C表面の結晶成長はもっとも速い.イオンがC表面上へ結合を三つ形成しながら順次析出し結晶成長していくと,C表面上に新しく形成される結晶の形態は図(a)から明らかなように,C表面を底面とする三角すいの形状となる.またB表面でも点線で示したように結晶成長がおこる.したがって最終的な結晶全体の形状は(100)と同等の結晶面で覆われた立方体,あるいは直方体となるように成長する.固体表面の物理的,化学的特性は,以上のように結晶面の差異によって大きく影響されることがわかる.

1.2.2 表面自由エネルギー

固体の表面は結合が切断された状態となっている.したがって結合を切断するのに必要な仕事は表面に蓄積されていることになる.固体表面の物理化学的な評価値である表面自由エネルギー(surface free energy)は,表面を作製するのに要した仕事量で表される.通常結晶面の表面自由エネルギーは,その大きさの比較が可能な単位面積あたりの自由エネルギーで表示されている.表1.2にその例を示す.

結晶の内部では,固体を構成している原子,あるいはイオンや分子の間に働く

表 1.2 表面自由エネルギー

結晶	結晶面	理論値（×10⁻³） J m⁻²	測定値（×10⁻³） J m⁻²	方法
LiF（NaCl型）	(100)	370	340	へき開法
MgO（NaCl型）	(100)	1 300	1 200	へき開法
Cu（面心立方）	(100)	2 913		0 K，昇華熱より計算
Cu（面心立方）	(100)	2 892		295 K，昇華熱より計算
Cu（面心立方）	(111)	2 499		295 K，昇華熱より計算
Ag（面心立方）	(100)	1 934		0 K，昇華熱より計算
Ag（面心立方）	(100)	1 920		295 K，昇華熱より計算
Ag（面心立方）	(111)	1 650		295 K，昇華熱より計算
Au（面心立方）	(100)	2 539		0 K，昇華熱より計算
Au（面心立方）	(100)	2 516		295 K，昇華熱より計算
Au（面心立方）	(111)	2 175		295 K，昇華熱より計算
Cu（面心立方）			1 430±15	1 323 K，ゼロクリープ法
Ag（面心立方）			1 140±9.0	1 173 K，ゼロクリープ法
Au（面心立方）			1 400±65	1 323 K，ゼロクリープ法
ポリエチレン			31.0	
テフロン			18.5	
水			72.8	293 K
氷			82	
水　銀			486.5	293 K

結合力は全体としてつりあい，平衡状態となっている．しかし固体表面では，結合が切断された方向の作用力がなくなっているので，その逆方向の力のみを受け，固体は収縮しようとしている．これが固体表面に表面張力を発生させる原因である．また固体内部の原子，イオン，分子を新しく表面に露出するには，結合を切断し，それらを表面に移動させるための仕事をする必要がある．その仕事量 ΔG_s は，新しく生成される表面の大きさを ΔS とすれば，一定温度下では次式で示される．

$$\Delta G_s = \gamma \Delta S \tag{1.4}$$

ここで γ は，単位面積あたりの表面自由エネルギーである．ただし，新しく形成される結晶表面は，前から存在する表面と同一状態の結晶表面とする．

固体表面の増大方法には，表面の構成要素そのものの量を増加させ，前から存在している表面とまったく同一の表面を新しく作製する方法と，構成要素の量は変化させず格子間距離を増大させ表面積を増加させる方法の二つがある．後者の場合，格子のひずみエネルギーに応じた表面積の増加である．一方，液体の場合，表面積を増加させたとき，ひずみを解消するように表面を構成している要素は移動し増加前の表面と同一の新しい表面を形成する．したがって液体の表面は，固体の表面状況とはまったく異なった状態といえる．

また，単位面積あたりの表面エネルギー ε_S は次式で示される．

$$\varepsilon_S = \gamma - T d\gamma/dT \tag{1.5}$$

したがって，絶対温度 $T=0\,\mathrm{K}$ で $\varepsilon_S=\gamma$ となり，単位面積あたりの表面自由エネルギー γ は，単位面積あたりの表面エネルギー ε_S と等しくなる．$T>0\,\mathrm{K}$ のとき $d\gamma/dT<0$，すなわち表面張力は温度上昇につれ小さくなるので，$\varepsilon_S>\gamma$ となる．

結晶の表面エネルギーは計算によって求めることができる．たとえば，図 1.5 に示すイオン結晶 NaCl の A, B, C 表面の単位面積あたりの表面エネルギー $\varepsilon_{S(A)}$, $\varepsilon_{S(B)}$, $\varepsilon_{S(C)}$ は次のように算出できる．ただし結合を破断し，新しい結晶面を作製したとき，表面イオンの再配列や格子ひずみはおこらないと仮定する．いま，結晶内部の一つのイオン結合エネルギーを E_b とし，表面に存在するイオン数の割合が結晶全体のイオン数に比べ無視可能なほど大きな結晶とする．NaCl の 1 mol あたりの結晶の凝集（格子）エネルギー（cohesive energy）を H_T とすると，H_T は E_b と次式で示される関係にある．

$$H_T = 2 E_b k N_A / 2 \tag{1.6}$$

ここで，k は配位数（coordination number；NaCl の場合 6），N_A はアボガドロ定数を示す．

図 1.5 において，A 表面は表面のイオン 1 個あたり 1 本の結合が切断され形成されている．この場合，結合の切断により A 表面と，それと向かいあって結合していた他の表面，すなわち二つの等価な表面が形成されていることになる．また A 表面におけるイオン密度は，格子定数（lattice constant）を a とすると（$a^2/2$）の表面積あたりに一組の NaCl が存在していることになる．したがって A 表面の単位面積あたりの表面エネルギー $\varepsilon_{S(A)}$ は次式で示される．

$$\varepsilon_{S(A)} = \frac{2E_b}{2(a^2/2)} = \frac{2E_b}{a^2} = \frac{2}{a^2}\left(\frac{H_T}{kN_A}\right) = \frac{2H_T}{kN_A a^2} \tag{1.7}$$

一方，B 表面におけるイオン密度は，（$\sqrt{2}\,a^2/2$）の表面積に一組の NaCl が存在していることになる．また B 表面では，表面イオン 1 個あたり 2 本の結合が切断され二つの等価な B 面が形成されていることになる．したがって B 表面の単位面積あたりの表面エネルギー $\varepsilon_{S(B)}$ は同様に次式で示される．

$$\varepsilon_{S(B)} = \frac{2\times 2E_b}{2(\sqrt{2}\,a^2/2)} = \frac{2\sqrt{2}\,E_b}{a^2} = \frac{2\sqrt{2}}{a^2}\left(\frac{H_T}{kN_A}\right) = \frac{2\sqrt{2}\,H_T}{kN_A a^2} \tag{1.8}$$

同様に C 表面の表面エネルギーは $\varepsilon_{S(C)} = 2\sqrt{3}\,H_T/kN_A a^2$ で表される．したがって，A，B，C 表面の単位面積あたりの表面エネルギーの比は，$1 : \sqrt{2} : \sqrt{3}$ となり，C 表面がもっとも表面エネルギーが高く不安定な表面である．このことから結合を切断し新しく表面を作製する場合，その作製のしやすさ，すなわちへき開のしやすさは，C＜B＜A の順になると推定される．この点は，KCl を粉砕し，得られた粉体の表面を吸着的手法で調べた結果，表面が主として（100）面であることとよく一致している．また前述した結晶成長のしやすさとも照応する．

　固体表面の各種の性質に関係する表面エネルギーの大きさは，上記の計算方法から明らかなように単位表面積あたりの原子あるいはイオンや分子の数，そしてそれら 1 個が有する結合の不飽和度，さらに一つの結合あたりの結合エネルギーの大小に左右されることがわかる．また表面エネルギー ε_S は，表面エンタルピー H_S と次のような関係にある．

$$dH_S = d\varepsilon_S + pdV \tag{1.9}$$

固体表面を作製したとき体積変化は無視できるので

$$H_S = \varepsilon_S \tag{1.10}$$

とみなせる．すなわち表面エネルギーは，表面エンタルピーと同一となる．

1.2.3　表面の緩和

　固体の表面は結合が切断され不安定状態にあるので，その安定化のためさまざまな形で表面緩和（surface relaxation）がおこる．これらの緩和は，共有結合，イオン結合，金属結合など化学結合の種類により，また物質の違いにより異なる．便宜上，緩和に化学的変化を伴う化学的緩和と，それを伴わない物理的緩和とに

分類して述べる．また通常固体は大気圧下で取り扱われるので，大気中の水蒸気の吸着による表面の安定化についてもあわせて述べる．

a． 表面の物理的緩和

（ⅰ） 表面構成原子やイオンの格子位置の変動　　結晶の表面では結合が切断され，表面の原子，イオン，分子は非対称的な相互作用力を受けるので，それらは結晶内部の延長として予想される格子位置から変動している．たとえばイオン結晶であるハロゲン化アルカリの表面においては，陰イオンや陽イオンが，予想される格子位置から表面に対し垂直方向へ正負の変位をおこしている．その例を図1.6に示す．NaClの(100)面の最表面層では，陰イオンであるCl$^-$はまわりの陽イオンNa$^+$により分極され，その結果表面より外側へ移動し，逆に陽イオンは内側へ変位し電気二重層が形成され安定化している．すなわち両イオンの中心位置は同一平面上には存在していない．また表面凹凸となっている両イオンの平均位置としての表面第一層と第二層の間隔は，結晶内部の層間距離よりも短く圧縮された状態となっている．NaClではこのような格子位置の変動は表面から5層まで及んでいるとされている．同様な現象を表1.3に示す．

　同じイオン結晶に分類されても，ハロゲン化アルカリよりも結合エネルギーが大きく硬度のあるMgOの(100)面では，表面の第一層と第二層のイオン間距離は結晶内部における層間距離の約85%に圧縮されている．またハロゲン化アルカリにおいて認められたような表面に対して，垂直方向への陰イオンと陽イオンの移動による表面凹凸の変動幅はイオン間距離の0.3%とほとんど無視できる量である．同じイオン結合の結晶でも表面緩和の仕方は，イオン種，配位数，結晶面や結合エネルギーの違いなどによって異なると推定される．

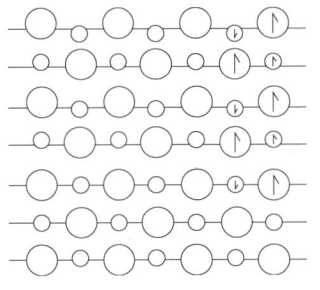

○：陰イオン　　○：陽イオン

図1.6　ハロゲン化アルカリ表面(100)の緩和モデル
実線は内部構造の延長の位置，緩和は5層まで及ぶ．矢印は変位の方向を示す．
[G. C. Benson and T. A. Claxton, *J. Chem., Phys.*, **48**, 1356 (1968)]

表 1.3 表面の物理緩和 (a_s/a_b)*1

	(110)	(001)	(111)
Cu（面心立方）	0.804	0.871	0.944
	0.953*2	0.967*2	0.991*2
	0.981*3	0.992*3	0.999*3
原子密度比	0.707	1.00	1.15
Al（面心立方）	0.900	1.00	1.021
原子密度比	0.707	1.00	1.15
Fe（体心立方）	1.0	0.986	0.85
原子密度比	1.42	1.00	0.577
NaF（食塩型）		0.972	
NaCl（食塩型）		0.970	
NaBr（食塩型）		0.972	
MgO（食塩型）		0.85	

*1 a_sは表面第一層と第二層の間の間隔，a_bはバルクの層間隔を示す．
*2 （表面第二層と第三層の間の間隔）/a_b
*3 （表面第三層と第四層の間の間隔）/a_b

　金属結晶の表面でも同様な緩和が生じているが，結晶面の原子密度が小さく原子の存在が粗な面ほど表面緩和は大きい(表1.3)．またその変化領域は表面の2層程度までとされている．

　(ⅱ) **表面原子の二次元再配列**　　共有結合によって形成されている Si 結晶の(111)面では，sp^3の共有結合4本のうち1本が切断され不安定な状態となっているため，表面原子が表面上を二次元方向で再配列し，別の規則的表面構造(2×2)に変化していたり，あるいは表面で隣接している Si 原子の混成軌道が交互に若干変化して規則的表面凹凸の形成がおこっている．後者の場合，Si 原子の結合軌道が sp^3 の混成軌道から sp^2+p，$3p+s$ に交互に変化しようとする．前者の場合，sp^2軌道を含むので Si 原子の結合角は大となり，Si 原子の高さは sp^3 の場合より低くなる．一方，3p 軌道を含む場合，Si 原子の結合角は小となるので Si 原子の高さは sp^3 の場合より高くなる．したがって Si 原子は交互に高さが変動し，規則的表面凹凸の形成がおこる．

b．**表面の化学的緩和**

　固体の表面は，結合的に不飽和ゆえに反応性に富んでいることを前述した．固

体が大気中に放置されていると，反応性に富んでいる表面は，大気中の反応性気体である酸素，二酸化炭素，水蒸気と化学反応し，バルクの化学組成と異なった表面組成を形成している．それぞれの場合の反応例を以下に示す．

（ⅰ）**酸素の化学吸着**　金属の表面が大気中の酸素および水蒸気により，酸化され腐食していくことは日常身近でおこっている現象である．また窒化物の表面でも，空気中の酸素を化学吸着し酸化物を形成している．この酸化物はさらに水蒸気を化学吸着し，表面にヒドロキシル基が形成される．以下に金属および窒化物表面上への酸素の化学吸着の例を示す．

$$2\,Fe + O_2 \longrightarrow 2\,FeO$$
$$2\,Cu + O_2 \longrightarrow 2\,CuO$$
$$Si_3N_4 + 3\,O_2 \longrightarrow 3\,SiO_2 + 2\,N_2$$
$$4\,AlN + 3\,O_2 \longrightarrow 2\,Al_2O_3 + 2\,N_2$$

（ⅱ）**二酸化炭素の化学吸着**　塩基性物質は大気中の二酸化炭素を化学吸着し炭酸塩を形成する．たとえば MgO，CaO，MgO-ZnO 複合酸化物表面では空気中の二酸化炭素や水蒸気により，炭酸塩および表面ヒドロキシル基が形成される．

（ⅲ）**水蒸気の化学吸着**　酸化物の表面では，一般に水蒸気を容易に化学吸着し，表面はヒドロキシル基で被覆された状態となっている．一例として単純な結晶構造をもつ MgO の表面における水蒸気の化学吸着を図 1.7 に示す．水蒸気の化学吸着は，表面層のみにおこる場合と，固体内部の層にわたっておこる場合とがある．MgO の場合は，表面第一層だけではなく，固体内部にわたっておこっている．窒化物，ホウ化物の表面でも，水蒸気が次式のように化学吸着し酸化物が形成される．さらに水蒸気の化学吸着によって酸化物表面はヒドロキシル化された表面へと変化する．

$$Si_3N_4 + 6\,H_2O \longrightarrow 3\,SiO_2 + 4\,NH_3$$
$$\equiv Si-O-Si \equiv + H_2O \longrightarrow 2 \equiv SiOH$$
$$2\,MB_2 + 6\,H_2O \longrightarrow 2\,MO_2 + 2\,B_2H_6 + O_2$$
$$\equiv M-O-M \equiv + H_2O \longrightarrow 2 \equiv MOH$$

c．**水蒸気の物理吸着**

固体が大気中に放置されていると，極性な表面では水蒸気の物理吸着がおこり，表面自由エネルギーは低下している．ガラスなどの親水性表面では，約 60% の湿

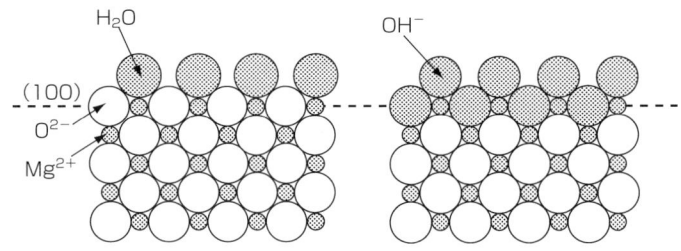

図 1.7　MgO (100) 表面に対する水蒸気の化学吸着

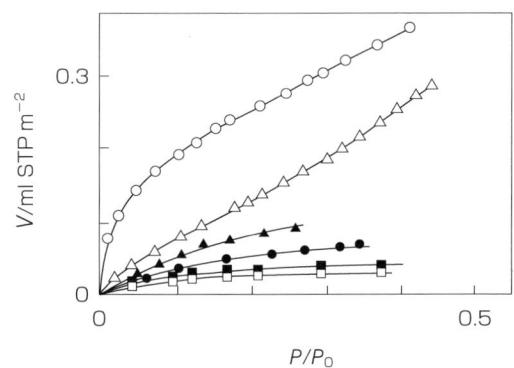

図1.8　多孔質ガラスの各種表面への水蒸気吸着等温線
処理条件および表面に存在する官能基
　　○：180℃, 4 h　(free type OH＋H-bond OH)
　　△：800℃, 4 h　(free type OH)
　　□：800℃, 4 h 後 $(CH_3)_3SiCl$ 処理 $((CH_3)_3Si-)$
　　●：800℃, 4 h 後　$SiCl_4$ 処理 (Cl_3Si-)
　　▲：800℃, 4 h 後　$SiCl_4$ 処理後　加熱加水分解
　　■：シロキサンのみの表面（計算より求めた等温線）

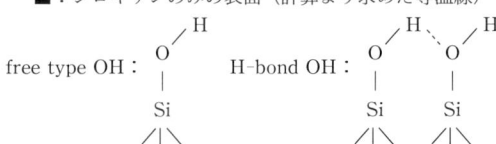

度ではおよそ2分子層前後の吸着層が形成されている．図1.8に種々のガラス表面に対する水蒸気吸着等温線を示す．これら吸着水の存在によって固体表面が安定化され，物質の化学的，力学的，電気的性質は著しく影響を受ける．

1.2.4 実在表面

実在の固体表面では，各種の表面緩和や水蒸気の物理吸着がおこり表面の安定化がはかられている．さらに，表面不均質の原因となる頂点，稜，ステップ，キンク，欠陥，転位，吸着不純物などが存在しているので，実在表面の状態は一層複雑となっている．図1.9に固体表面のモデルを示す．

結晶を覆っている各種結晶面や表面上の不均質サイトの存在量は固体の作製条件によって異なる．固体を小さくして微粒子化すると，単位重量あたりの頂点，稜などの存在量は当然多くなるであろう．これらの結合の不飽和度の大きな活性点は触媒などで利用されている．6配位の食塩型結晶の粒子が小さくなると，粒子を構成している原子全体に対する表面原子の割合は増大する．そのようすを図1.10に示す．立方体粒子径の一辺，たとえば粒子径/原子直径が50以下になると表面原子の割合が急増することがわかる．また固体物質を材料として利用する場合，その固体物質に対して何らかの加工をほどこす必要がある．この加工のさいに加えられた力，発生する熱，加工時におこる化学反応などで，表面には内部と異なった層，すなわち加工変質層が形成されたり，欠陥や転位が発生する．

一方非晶質固体，たとえばガラスは，過冷却液体が結晶化することなしに凍結固化したものと考えられる．したがって結晶におけるような原子，イオン，分子の規則的配列はない．溶融したガラスの表面は表面張力により，液体と同様に平滑な面となっているので，そのまま冷却固化すると，表面の平滑度は保持された状態となる．溶融状態では物質の移動性は大きいので，表面エネルギーを低下さ

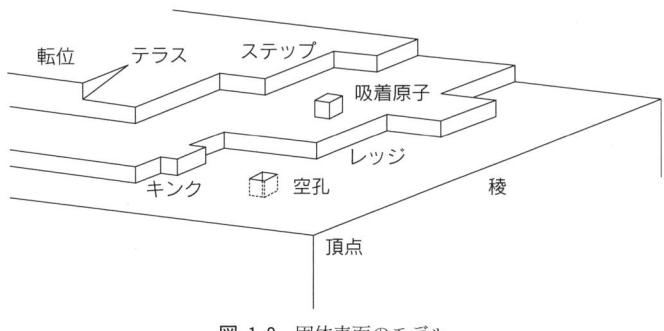

図 1.9 固体表面のモデル

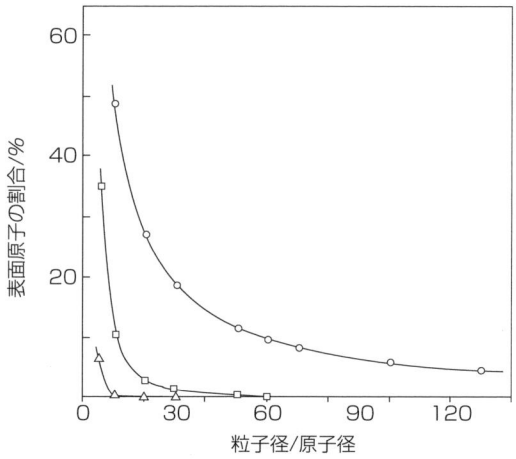

図 1.10 食塩型立方体結晶の一辺の長さと表面原子の割合
　　　　○：表面原子数/粒子構成原子数.
　　　　□：稜の原子数/粒子構成原子数.
　　　　△：頂点の原子数/粒子構成原子数.

せるような成分は表面に濃縮される．とくにアルカリ成分は表面に集まりやすい．また溶融時には，高温となっているので揮発しやすい成分の揮散，雰囲気中の反応性ガスとの反応による成分の変質や消失が表面でおこっていると考えられ実在表面は複雑である．

1.2.5　固体表面の機能と表面層の厚み

　固体が関与するさまざまな現象の中で，表面が密接に関係している現象は非常に多い．しかしながら，各種現象において表面の役割を詳細に検討すると，特定の厚みの表面層が重要な役割を果たしている．表1.4に表面の各種機能と，その機能を発揮するのに必要な表面層の厚みや表面の幾何学的形態，そして関連技術との関係を示す．

　触媒，吸着，ぬれ，接着などの機能，また帯電，絶縁，導電性などの電気的機能は，表面そのものの化学組成およびそれらの結合状態，電子のエネルギー状態，酸・塩基性，極性の有無，あるいは微量成分の存在とその分布，欠陥など，固体の最表面層の特性に支配されている機能である．また，複合材料中に分散充填さ

表 1.4 表面の各種機能と，機能発揮に必要な表面層の厚みと幾何学的形態

表面層の厚み，形態	機能の内容および関連技術
最表面層（〜1 nm）	反応，触媒作用，吸着，イオン交換，ぬれ，分散，浮選，印刷，付着・凝集，接着
10 層程度	電気伝導，潤滑，焼結易拡散層
0.1〜10 μm の表面層	摩擦，表面硬化，弾性・塑性の変形層，めっき，光沢，光の干渉，不動態，表面処理
1〜100 μm の表面層	腐食・防食，ガラスの表面硬化，塗膜，耐熱皮膜
表面の幾何学的形態（表面凹凸，細孔）	透過，分離，摩擦，摩耗，接着，反射，付着・凝集・固結，断熱

れた充塡剤は，それらの分散状態で補強効果や各種の機能を発揮している．したがって，この場合充塡剤表面と分散媒である固体との間のなじみが大切である．これらの点においても充塡剤最表面層の化学的性質が重要な役割を果たしている．

　製造プロセスの制御や自動化などに欠くことのできない各種化学センサーの高性能化や高信頼性化は，表面の化学的性質と同時に，表面の形状，細孔の大きさやその分布，そして連続構造などの幾何学的構造にも密接に関係している．さらに，メモリー材料として重要な磁性粉では，粒子形状，粒度，表面性状などが，その高性能化，高密度化に多大な影響を与えている．また断熱材，熱交換器，フィルターなどにおける機能は，表面の化学的組成も重要であるが，表面の幾何学的形状，細孔分布 (pore distribution)，細孔の連続構造などが極めて重要である．

　一方硬さ，摩耗などの力学的特性や，反射，透過，屈折などの光学的機能は，特定な厚みの表面層およびその物性に左右されている．腐食，焼結などの物質移動を伴う現象においては，さらに厚みをもった表面層が有効に働いている．固体材料の開発は，固体の各種表面機能，表面特性の制御や設計で十分対応できるものも多い．これらの対応が効率的かつ効果的に行われるには，表面特性の正確な評価，そしてそれらと密接な関係にある機能との間の定量的評価が是非とも必要であろう．

演習問題

1.1 式(1.1)のケルビンの式を用いて，粒子径が 100 nm，10 nm，1 nm のとき水滴の蒸発圧は平らな水面の蒸気圧の何倍になるか求めなさい．

1.2 ヘプタン-水とヘプタン酸-水の界面での付着仕事は約 2 倍以上も違う．なぜ大きく異なるのか分子論的に考察しなさい．

1.3 ニッケルは面心立方構造で，単位格子の 1 辺の長さは 0.352 nm である．(100)，(110)，(111)結晶面 1 cm² 上に存在する原子数を計算せよ．

1.4 ニッケルのような面心立方構造である金属において，結晶面(100)，(110)，(111)上の原子の配位数と結合の切断数(結合の不飽和度)を求めよ．

ケルビンの式の誘導

半径 r の液滴と平衡になっている蒸気相を考える．液滴の内部圧が p''，液体のモル体積を v'' がその蒸気圧 p'，その蒸気相のモル体積 v' との平衡を考える．温度一定のとき，ギブズ-デュエムの関係から

$$v'dp' = v''dp'' \tag{1}$$

また，ラプラスの式から表面張力を γ とすると，

$$dp'' - dp' = d\left(\frac{2\gamma}{r}\right) \tag{2}$$

式(1)の dp'' を式(2)に代入すると，

$$d\left(\frac{2\gamma}{r}\right) = \left(\frac{v' - v''}{v''}\right)dp' \tag{3}$$

蒸気相は理想気体とし，分子は $v' \gg v'' \fallingdotseq 0$ とすると，

$$d\left(\frac{2\gamma}{r}\right) = \frac{RT}{v''} \cdot \frac{dp'}{p'} \tag{4}$$

この両辺を曲率 $1/r = 0$ で $p' = p^0$ から曲率 $1/r$ で $p' = p$ までを積分し，なお γ が変わらないとすると，$v'' = M/D$ なので，

$$RT \ln\left(\frac{p}{p^0}\right) = \frac{2\gamma}{r} \cdot \frac{M}{D} \tag{1.1}$$

ケルビンの式(1.1)が得られる．

表面・界面の物理化学

- 界面張力や表面電位の変化がもたらす現象を学ぶ．
- ギブズ吸着等温式を用いて，液体や固体表面における界面張力と物質量との関係を理解する．

2.1 表面張力・界面張力

2.1.1 表面張力や界面張力はどうして存在するのか

われわれが物体をみるとき，常にその形や状態を目でみたり手で触ったりしている．すべすべした面，ざらざらした面，光沢のある面やコップに入った水面などは，決して物体の内部の性質ではなく，物の表面や界面の性質を表している．水道の蛇口から1滴1滴落ちる水は丸くなっている．それが表面張力の作用による現象であることはよく知られている．しかし，表面張力とは何かと聞かれると，とたんに答えることが難しくなる．そこで，液体や固体の表面や界面にどうして表面張力や界面張力が存在するのか考えてみよう．

界面（interface）とはある均一な液体や固体の相が他の均一な相と接している境界で，エネルギー的に変化している領域をいう．しかし，均一相がともに気相の場合，界面は存在しない．均一相の一方が液体や固体で，他の均一相が気体の場合，その界面はとくに，表面（surface）とよばれる．また，固体が真空に露出している面も表面という．

液体表面に表面張力が作用している現象は液体の内部と液体の表面でそれぞれの分子間エネルギーにおける差異を考えることによって理解できる．液体Aとその蒸気が温度と圧力が一定で平衡になっている表面を考えよう．純液体の内部にある1分子がまわりの分子との間でつくる相互作用エネルギーE_bが，もしも最隣接にある分子との対ポテンシャルエネルギーw_{AA}（負の値）の和で表せるとするな

らば，1分子あたりの相互作用エネルギーE_bは

$$E_b = Z_b w_{AA}/2 \tag{2.1}$$

である．ここで，Z_bは最隣接の分子対の数である．一方，純液体の表面にある分子の相互作用エネルギーE_sも，同様に，

$$E_s = Z_s w_{AA}/2 \tag{2.2}$$

である．ここで，Z_sは表面における最隣接の分子対の数である．液体内部と蒸気相とでは単位体積中の分子の数が違うため，$Z_b > Z_s$である．そのため，分子1個を液体内部から表面に移動させると，その分子の内部エネルギーは$(E_s - E_b)$だけ増加することになる．したがって，1分子の表面積a_oのとき，液体Aが面積Aだけ表面を新しくつくるのに必要なエネルギーE_eは

$$\frac{E_e}{A} = \frac{E_s - E_b}{a_o} = w_{AA} \frac{Z_s - Z_b}{2\, a_o} = E_e^{\circ} \tag{2.3}$$

となる．すなわち，表面の分子は内部に比べて単位面積あたりE_e°の過剰エネルギーをもつことになる．この値の"次元"は $[\mathrm{J\,m^{-2}}] = [\mathrm{N\,m^{-1}}]$ となり，長さあたりの力になるので，この値を表面張力（surface tension）という．

実際に，クロロホルムについて式(2.3)から表面張力を求めてみよう．簡略に，クロロホルムの液体構造を図2.1に示す6配位の立方格子のモデルとしよう．モデルから液体の内部では$Z_b = 6$，気液界面では$Z_s = 5$となる．蒸発熱よりE_bは1分子あたり4.88×10^{-20} J なので，$Z_b w_{AA}$は9.76×10^{-20} J となる．25℃のクロロホルムの密度は$1.48\,\mathrm{g\,cm^{-3}}$である．立方格子の1面あたりの面積$a_o$は$2.63 \times 10^{-15}$ cm^{2}となるので，式(2.3)より$E_e/A = 30.9\,\mathrm{mN\,m^{-1}}$と計算される．一方，クロロホルムの25℃における測定値は$27.3\,\mathrm{mN\,m^{-1}}$である．極めて概略なモデルである

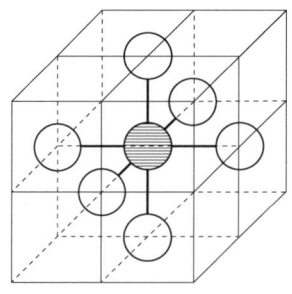

図 2.1 液体の立方格子モデル

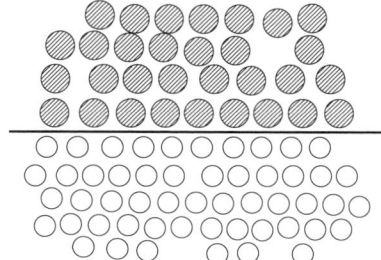

液体B

液体A

図2.2 界面モデル

が，液体のクロロホルムの表面張力がなぜ存在しているのかは理解できるであろう．また，表面領域の分子は内部分子に比べて，表面過剰エネルギーをもっているので，その高いエネルギーに相当するだけ表面領域の分子は内部相の分子より分子間の最隣接距離が離れていて，分子密度がその分だけ小さくなっている．

固体表面の表面張力も同じ考えで説明できる．ただ固体表面は液体表面に比べ，エネルギー的に不均一なことも多く，酸化被膜などが形成していて表面組成が明確でないことが多いので，液体表面ほど取扱いが単純ではない．そのために，固体の表面張力はテフロンやポリエチレンなどの低エネルギー表面について，後述する臨界接触角法による方法で測定されているにすぎない．

液体AとBの界面の界面張力（interfacial tension）についても，これまでに多くの分子論的な説明がされている．たとえば，図2.2はGoodとFowkesの界面モデルである．液体Aの内部から界面に分子が移動したときA分子の過剰エネルギーは液体B分子との相互作用がおこるので，液体Bが存在しない気液界面のときに比べて小さくなる．また，液体B分子の過剰エネルギーも同様に，液体Bの内部から界面に移動したとき，液体A分子との相互作用のために低下する．いま，両方の液体がともに立方格子の構造で，内部と界面でそれぞれ同じ数の配位子 Z_b, Z_s をとるとすると，

$$\frac{E_e}{A} = \frac{1}{a_0} \cdot \frac{Z_b - Z_s}{Z_b} \cdot \frac{w_{AB}}{N_A} \tag{2.4}$$

となる．ここで，w_{AB} は液体AとBの1 molあたりの交換エネルギー（exchange energy）で，N_A はアボガドロ定数である．液体AとBが完全に相分離をするとき w_{AB} は約 $6RT$ である．したがって，E_e/A は約 14 mN m^{-1} となり，界面張力は一

般に表面張力より小さな値となる．液体 A と B が少しずつまじりあうに連れて，w_{AB} は減少する．w_{AB} が $2RT$ 以下になると完全に混合して，界面がなくなり，界面張力はゼロになる．

2.1.2 表面張力と表面自由エネルギー

純液体の表面に存在する分子は式 (2.3) で明らかなように，常にその内部より過剰エネルギーをもっている．そこで，系の温度 T，体積 V が一定で液体の表面を新しく面積 ΔA だけ広げるのに必要な仕事を考えてみよう．液面に与えられる仕事 w_s は新しくつくる面積に比例して，

$$w_s = \gamma \Delta A \tag{2.5}$$

となる．ここで，比例定数 γ はその液体の表面単位面積あたりの過剰エネルギー $E_e{}^\circ / \mathrm{J\,m^{-2}}$ で，表面張力（$[\mathrm{J\,m^{-2}}] = [\mathrm{N\,m^{-1}}]$）である．

系の温度，体積が一定で面積を変化させたとき，系になされた仕事 w_s は熱力学によりヘルムホルツの表面自由エネルギー変化 ΔF と等しいので，

$$\Delta F = \gamma \Delta A \tag{2.6}$$

となる．したがって，γ は界面熱力学より

$$\gamma = (\partial \Delta F / \partial \Delta A)_{T,V} \tag{2.7}$$

と定義することができる．いい換えると，表面張力は単位面積あたりの表面自由エネルギーである．また，表面張力の温度変化より表面エントロピー S^s は

$$(\partial \gamma / \partial T)_{V,A} = -S^s \tag{2.8}$$

となる．したがって，表面内部（全）エネルギー U^s は

$$U^s = \gamma - T(\partial \gamma / \partial T)_{V,A} \tag{2.9}$$

で与えられる．系の温度，圧力が一定で面積を変化させる場合，γ は

$$\gamma = (\partial \Delta G / \partial \Delta A)_{T,p} \tag{2.10}$$

となる．しかし，式 (2.7) と (2.10) は後で示すように，1 成分系以外の系では組成による項がさらに含まれるので，表面張力をそのまま単位面積あたりの表面自由エネルギー変化とおくことはできない．

水の表面張力は温度によって変化し，温度 t が 0°C から 100°C の範囲で

$$\gamma = 76.24 - 0.1379\,t - 3.124 \times 10^{-4}\,t^2 \tag{2.11}$$

の関数で表せる．したがって，式 (2.8) より表面エントロピー，式 (2.9) より表面

表 2.1 液体の表面張力の温度係数と式 (2.9) から求まる表面全エネルギー

液体	表面張力 mN m^{-1}	温度 ℃	$(\partial\gamma/\partial T)_{V,A}$ mN m^{-1} K^{-1}	U^s mJ m^{-2}
エタノール	22.39	20	−0.0832	46.8
1-プロパノール	23.71	20	−0.0777	46.5
1-ブタノール	25.38	20	−0.0898	51.7
1-ヘキサノール	26.21	20	−0.0801	49.7
1-オクタノール	27.50	20	−0.0795	50.8
ヘキサン	18.40	20	−0.1022	48.4
オクタン	21.62	20	−0.0951	49.5
ペルフルオロヘキサン	11.91	20	−0.0935	39.3
1-フルオロヘキサン	21.41	20	−0.1001	50.8
水	72.88	20	−0.1379	113.3
ナトリウム (Ar 中)	200.3	110	−0.1	238.6
水銀	485.50	20	−0.2049	545.6
銀 (水素中)	892	1 000	−0.184	1 126.3
金	1 128	1 120	−0.10	1 267.3
銅 (Ar 中)	1 257.6	1 100	−0.174	1 496.5
鉄 (鋼)	1 880	1 535	−0.43	2 657.5

内部エネルギーを求めることができる．表 2.1 は液体の表面張力とその温度依存性から求めた表面全エネルギーの値を示す．また，表面エントロピーの温度変化から表面の定積熱容量 $C^s{}_V$ が求められる．

表面張力はよくゴム膜やスプリングのような引っ張られる力としてたとえられ，誤解されることが多い．液体の表面張力は表面の伸張，収縮に無関係に常に一定であるのに対して，ゴム膜やスプリングはある大きさに伸張させたときに張力が働きだすが，逆に同じ張力で無限小にまで収縮させることはできない．そのため，両者は本質的に異なっている．また，"張力"は面の法線方向に作用する力で，その力が系の内部に向いているときにはその力を"圧力"といい，系の外部に向いて作用しているときには"張力"と物理学では定義されている．しかし，表面張力は内部に向かう力であるが，慣習上張力とよばれている．

2.1.3 表面張力・界面張力の測定

表面張力は動的表面張力（dynamic surface tension）と静的（平衡）表面張力（static (equilibrium) surface tension）とがある．水やアルコールなどの小さな

分子の純液体は表面での分子配向がナノ秒の単位で極めて速いので，正確な動的測定が困難である．しかし，静的表面張力は測定法によらず比較的正確な値を求めることができる．界面活性剤やタンパク質などの高分子が溶けている溶液の表面張力は動的な値と静的な値とで著しく異なることが多い．起泡や洗浄など動的な界面現象を扱うときには動的な表面張力や界面張力が必要となり，吸着や乳化分散などの静的状態を調べるときには静的な表面張力や界面張力が用いられる．とくに，熱力学的に界面活性や吸着など界面現象を解析する場合には平衡になった界面張力でなければならない．

a．動的界面張力の測定

動的界面張力は界面領域への溶質の拡散や界面に吸着した分子の再配向などの動的因子に基づく界面エネルギーの変化である．理論および測定法として一般に確立した方法は振動ジェット法と小波法である．これらの方法では経時が ms から 1 min 以内の変化を測定することができる．分から時間の動的変化を求めるには後述する吊り板法がある．動的界面張力の測定やその値を用いて議論するさい，溶液内部からの拡散，対流，流動などの動力学的影響や温度の不均一さなどをいかに配慮するかが問題となる．そのため，動的界面張力と界面現象との解釈はまだ明確ではない．

b．静的界面張力の測定

静的な表面張力および界面張力の測定法はいろいろあるが，簡便さと信頼性の点からおもな方法は次の3通りである．どの方法においても注意すべきことは液面の蒸発や振動を防ぎ，温度を均一に保ち，ぬれに注意して，清浄な環境で測定することである．

（i）輪環法(du Nouy 法) 細い白金バナジウム線の輪環を溶液に浸し，液面から引き離すときにかかる最大張力 mg から表面張力を測定する方法である．表面張力 γ は輪環の平均半径を R とすると，

$$\gamma = (mg/4\pi R) \times f \tag{2.12}$$

で求められる．ここで，m は質量，g は重力の加速度，f は補正項である．輪環にかかる最大張力は図2.3に示すように液膜の半径が R'（測定不可能）のときにおこるため，補正が必要である．mg はトーション秤を用いて測定する．そのほかに溶液の密度 ρ，白金バナジウム線の半径 r および輪環の半径 R を測定する．f の

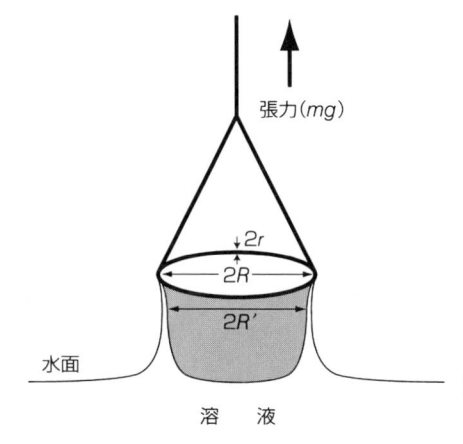

図 2.3 輪環法による表面張力の測定
r：白金線の半径．R：輪環の半径．

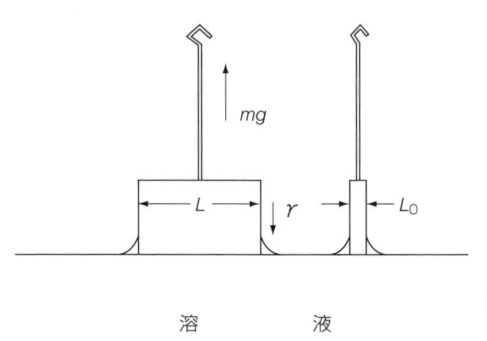

図 2.4 ウィルヘルミー法による表面張力の測定

値は mg/ρ より液膜の体積 V を求め，R^3/V と R/r の関数として Harkins と Jordan の補正表より決められる．この方法は補正を行えば，純液体の正しい表面張力を求めることができる．この測定法は日本工業規格および米国，ドイツ・フランスによる表面張力・界面張力の測定法に採用されている．しかし，界面活性剤の溶液では約 10 mN m^{-1} 以上の誤差が生じることがあるので注意が必要である．

（ⅱ）吊り板法（Wilhelmy plate 法）　この方法は清浄な薄い板ガラス（顕微鏡用のカバーガラス）または白金板（厚さ 0.025 mm，幅 20 mm，高さ 5 mm）を図 2.4 のように垂直に吊るし，先端を液面に接したときメニスカスによって，液に引き込まれる力 mg から溶液の表面張力を測定する方法である．板の幅を L と

すると，表面張力 γ は

$$\gamma = \frac{mg}{2(L+L_\mathrm{o})} \tag{2.13}$$

より求められる．ここで，L_o は板の厚さに近い値で，実験的に決められるパラメーターである．この方法は補正なしで，純液体や界面活性剤などの溶液の表面張力を測定することができる．しかも，吊り板にかかる重さは自動記録できるので，溶液の動的表面張力と静的表面張力が同時に測定されるという特徴がある．そのため，現在，表面張力を測定するための方法としてもっとも広く用いられている方法である．吊り板は溶液によって完全にぬれていないと正しい表面張力が測定されない．そこで，吊り板のぬれをよくするために，ガラス板は表面を紙ヤスリで擦り，曇ガラスにして用いられたり，また白金板は白金黒にして用いられることが多い．

この測定法は油と水溶液の界面張力を測定することもできる．このとき，板は気相の代わりに，油相中に完全に浸っているので，浮力の補正が必要である．

（iii）**懸滴法（pendant drop 法）** この方法は口径 0.2～1 mm のガラス管の先端に液滴をつくり，その形状から蒸気相中では表面張力を，また油相中では界面張力を測定する方法である．先端に懸垂した液滴を平衡光線で拡大して，図 2.5 のような形状をデジタルカメラまたはガラス乾板に撮る．液滴の形状から表面張力は

$$\gamma = (\rho_1 - \rho_2) g d_\mathrm{e}^2 / H \tag{2.14}$$

より求められる．ここで，ρ_1 と ρ_2 は溶液相と蒸気相（または油相）の密度，H は

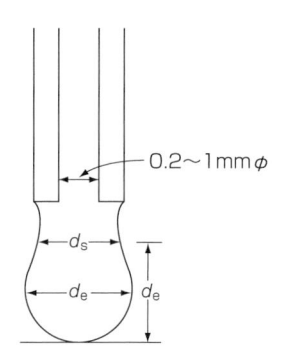

図 2.5 懸滴法による表面張力の測定
d_e：最大直径，d_s：先端より d_e での水平直径．

表 2.2 有機液体の表面張力および界面張力 (20°C)

液体	蒸気[*1]	水	水銀	液体	蒸気[*1]	水	水銀
	/mN m^{-1}				/mN m^{-1}		
ヘキサン	18.40	50.80	378	オクタン	21.62	51.68	375
1-ヘキサノール	26.21	6.8	372	ドデカン	25.35	52.78	
2-ヘキサノン	26.00	9.6		ヘキサデカン	27.47	53.32	
3-ヘキサノン	25.58	13.6		1-オクタノール	27.50	8.5	352
ヘキサン酸メチル	28.47	17.83		2-オクタノール	26.32	9.6	
ベンゼン	28.90	35.0	363	酢酸エチル	23.97	6.8	
トルエン	28.52	36.25	359	酢酸ブチル	25.41	14.5	
ニトロベンゼン	44.03	25.7	350	オクタン酸メチル	27.93	20.62	
アニリン	42.66	5.8	341	デカン酸メチル	28.15	22.53	
水	72.88		375	重水	71.72		

[*1] 蒸気は同じ液体の蒸気で飽和された表面である.

表 2.3 官能基による表面および界面エネルギーへの寄与[*1]

官能基	E^s/kJ mol^{-1}	
	(A → W)	(O → W)
—CH$_2$—	2.511 (希薄)	3.390 (パラフィン油)
	2.921 (0.90 nm^2)	2.449 (ニトロベンゼン)
—CH$_3$	3.139〜3.683	
—CF$_2$—	5.860 (0.90 nm^2)	
—COOH	1.829〜4.332	6.822
—OH	2.407	3.348
—NH$_2$	−0.105	
—COO—(エステル)	8.233×10^{-3}	
—CO—NH$_2$	−2.135	
—CO—(ケトン)	1.235	
—SO$_4^-$	1.256	0.670
—N(CH$_3$)$_3^+$		3.976

[*1] −は脱着 (W → A) を促進,＋は脱着 (W → A) に抵抗を示す.

形状パラメーターで, $S=d_s/d_e$ の関数として, Fordham の補正表より求められる. この測定法は界面活性剤などの溶液の静的表面張力や界面張力を精度よく求めることができる.

2.1.4 表面張力・界面張力の値

液体の表面張力は温度によって表 2.1 に示したように変わるので, 式 (2.9) から表面全エネルギー U^s を求めることができる. 表 2.2 は有機液体, その有機液体と水または水銀との界面張力の値を示す. 有機液体と水または有機液体と水銀と

の界面張力の値は測定温度で十分に相互飽和された溶液の界面張力である．表面張力や界面張力の値は同族体の鎖長，分岐や極性によっても異なることがわかる．表2.3は気相から水中へ移行する（A→W）ときの表面エネルギー，または油相から水中へ移行する（O→W）ときの界面エネルギーへの寄与を官能基あたりについて示してある．これらの値は分子に結合している部位によって少し異なるが，これらの値と分子構造から，1分子あたりの表面エネルギーを推定することが可能である．

2.2 界面の熱力学

　液体の表面や界面のエネルギー状態はその液体の内部のエネルギー状態とは異なっている．そのために，表面張力や界面張力が存在し，吸着やぬれなどの多くの界面現象がおこる．そこで，特有のエネルギーをもつ界面を熱力学ではどのように扱うのか考えてみよう．

2.2.1 液体表面

　図2.6に示すように純粋な液体とその蒸気とが接触した領域を熱力学の系として考えよう．そして，図(a)のように液体相を α 相，蒸気相を β 相，境界領域を σ 相とする．図(b)は縦軸に界面をよぎる深さ方向をとり，横軸に分子密度を模式的に表している．α 相と β 相の分子密度 n^α と n^β は位置によらず一定であるが，境界領域の分子密度 $n^\sigma(x)$ は位置 (x) によって変化する．この境界領域が実際の界面である．界面に熱力学を適用するとき，"界面" は分子密度が

$$\int_{-1}^{0}\{n^\alpha-n^\sigma(x)\}\mathrm{d}x=\int_{0}^{-1}\{n^\sigma(x)-n^\beta\}\mathrm{d}x \tag{2.15}$$

を満たすような位置として幾何学的に定義される．図(c)は式(2.15)の幾何学的な分割界面（dividing plane）を示した図で，一般にギブズ界面とよばれる．

　一方，熱力学的系のエネルギー状態は内部エネルギー U，体積 V で考えることができるので，ギブズは，

$$U^\sigma=U-U^\alpha-U^\beta \tag{2.16}$$

$$V^\sigma=V-V^\alpha-V^\beta=0 \tag{2.17}$$

として界面相を定義した．その結果，熱力学の界面相（σ 相）は図(b)の境界領

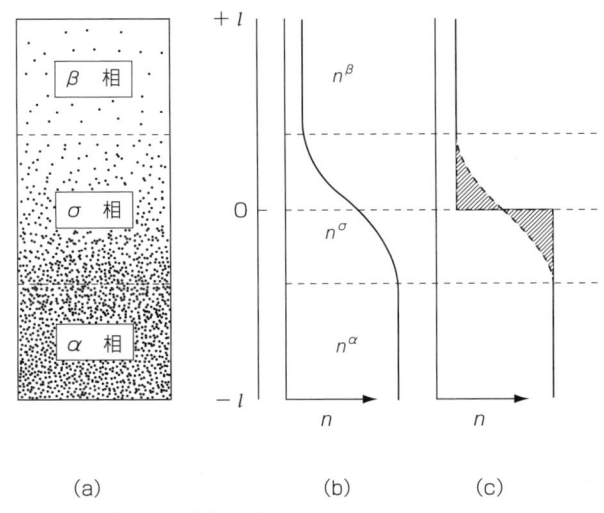

図 2.6 液体とその蒸気の界面
(a) 液相 (α), 蒸気相 (β) と境界領域 (σ)
(b) 境界領域における分子密度の分布
(c) ギブズ分割界面(傾線部の面積は式(2.15)より等しい)

域とは異なり,厚さのない二次元で,内部エネルギーU^σをもつ相として定義される.

純液体は1成分系であるが,i成分系について考えることにしよう.式(2.16)のU^σは熱力学により

$$U^\sigma = TS^\sigma - pV^\sigma + \gamma A + \sum \mu_i n_i^\sigma \tag{2.18}$$

とかける.ここで,上ツキσの示量変数はそれぞれ式(2.16)と同じ定義による界面エントロピーS^σ,界面の体積V^σ,界面の面積A,界面の分子数n_i^σである.界面相の内部エネルギー変化は熱力学第一および第二法則に従い,さらに,系の変化が微視的で可逆変化であるとするならば,

$$dU^\sigma = TdS^\sigma - pdV^\sigma + \gamma dA + \sum \mu_i dn_i^\sigma \tag{2.19}$$

となる.V^σはギブズ界面ではゼロである.熱力学の定義より式(2.18)の全微分式は式(2.19)と等価でなければならない.したがって,界面相のギブズ-デュエム(Gibbs-Duhem)の式は

$$d\gamma = -s^\sigma dT + (V^\sigma/A)dp - \sum (n_i^\sigma/A)d\mu_i \tag{2.20}$$

となる．ここで，s^σ は単位面積あたりの界面エントロピー，(V^σ/A) は界面の厚さ，n_i^σ/A は i 成分の界面濃度である．式(2.20)から界面張力を変化させる因子は温度，圧力，化学ポテンシャルであることがわかる．

β 相が純液体の蒸気相では右辺第二項と第三項はゼロとなり，気水界面では，表面張力は温度によってのみ変化する（式(2.8)参照）．β 相が油相のときは，水相と油相とがつくるそれぞれのギブズ界面は幾何学的に一致しないので，V^σ はゼロとならない．このような分割界面を Hansen の界面（式(2.29)参照）という．したがって，油水界面では，界面張力は式(2.20)より温度と圧力によって変化することになる．

2.2.2 溶液表面のギブズ吸着量

α 相が2成分以上の溶液表面の場合を考えてみよう．溶液は溶媒と溶質の組成がどこでも均一であるが，界面領域は溶液内部とエネルギー状態が異なるので，溶質と溶媒の組成が溶液内部と同じにならないことが多い．とくに，溶質が界面活性剤の溶液では，表面に多くの溶質が集まる．このような吸着現象がおこる表面を熱力学で解析し，ギブズの規約やギブズ吸着量の求め方を理解しよう．

温度，圧力一定の場合，溶液の成分を i とすると，式(2.20)は

$$\mathrm{d}\gamma = -\sum \Gamma_i \mathrm{d}\mu_i \quad (i=1,2,\cdots) \tag{2.21}$$

となる．ここで，Γ_i は n_i^σ/A で単位面積あたりの i 成分の(溶液内部に比べての)物質量である．一方，温度，圧力一定で，i 成分からなる溶液のギブズ-デュエムの式は

$$-\sum n_i \mathrm{d}\mu_i = 0 \tag{2.22}$$

となる．溶媒を $i=1$ として，n 成分からなる溶液について式(2.21)と(2.22)から溶媒の化学ポテンシャルを消去すると，式(2.21)は

$$\mathrm{d}\gamma = -\sum \{\Gamma_i - (n_i/n_1)\Gamma_1\} \mathrm{d}\mu_i \quad (i=2,\cdots,n) \tag{2.23}$$

となる．式(2.23)は n 種の成分による $n-1$ 個の独立変数に対して，n 個の Γ の未知数を含むため，このままでは Γ は不定となり，方程式を解くことができない．そのために，ギブズは非熱力学的な規約（convention）を導入した．この規約は溶媒に関して，純液体の図2.6(c)のように"界面領域の溶媒は幾何学的な分割界面をとり，溶液の内部と同じ組成で存在する"ということで，これをギブズの

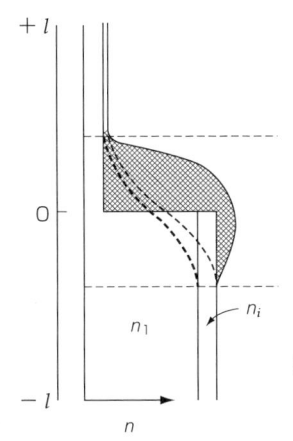

図 2.7 ギブズ界面における成分1に対する成分iの相対的表面過剰
溶媒（1）と溶質（i）による熱力学的吸着量（傾線部分）．

規約という．その結果，式(2.23)の右辺の中カッコ内は図2.7に示すように界面領域での溶媒量Γ_1に対して，溶質iは溶液内部の組成比（n_i/n_1）と同じ組成比で界面領域に存在すると仮定する．この溶質量（n_i/n_1）Γ_1を界面領域に実際に存在する溶質iの全量Γ_iから引いた量$\Gamma_i^{(G),1}$，すなわち，

$$\Gamma_i^{(G),1} = \Gamma_i - \frac{n_i}{n_1} \cdot \Gamma_1 \tag{2.24}$$

を考える．そこで，$\Gamma_i^{(G),1}$を成分iの1に対する相対表面過剰（relative surface excess）またはギブズ吸着量（Gibbs excess）という．したがって，式(2.23)は式(2.24)でかき直すと

$$d\gamma = -\sum \Gamma_i^{(G),1} d\mu_i, \quad (i=2,\cdots,n) \tag{2.25}$$

となる．式(2.25)をギブズの吸着等温式（Gibbs' adsorption isotherm）という．

実際に，式(2.25)を30℃の非イオン界面活性剤（$i=2$）の水溶液に適用して，ギブズ吸着量を求めてみよう．式(2.25)の化学ポテンシャルをかき換えると，

$$d\gamma = -\Gamma_2^{(G),1} RT d\ln C_2 \tag{2.26}$$

となる．ここで，$\Gamma_2^{(G),1}$は簡略化してΓ_2として表されることが多い．またC_2は非イオン界面活性剤の濃度（mol dm^{-3}）で，希薄水溶液では活量は濃度と等しいとおける．式(2.26)をさらにかき換えると，Γ_2（mol m^{-2}）は

$$\Gamma_2 = \frac{1}{2.303 \times 303 \times 8.314 \times 10^{-7}} \cdot \left(-\frac{\partial \gamma}{\partial \log C_2} \right)_{T,p} \tag{2.27}$$

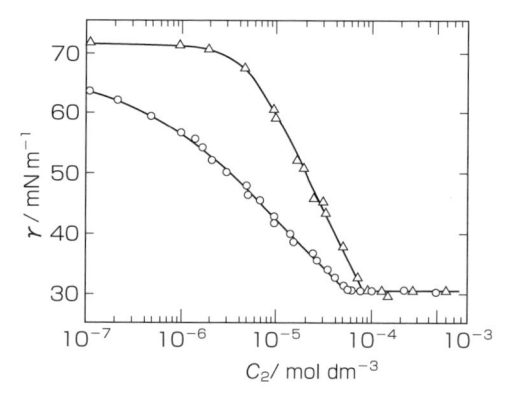

図 2.8 非イオン界面活性剤ヘキサオキシエチレンドデシル
エーテルの表面張力（30°C）
○：ウィルヘルミー法，△：滴重法．

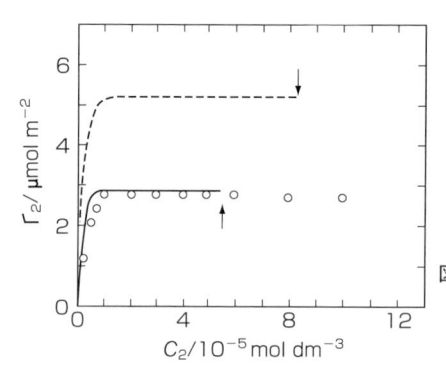

図 2.9 式(2.27) の計算値と実測値との比較
―――：ウィルヘルミー法で測定した表面張
力より求めた値，------：滴重法で測定した
場合，○：実測値，矢印：cmc 値．

となる．$(\partial \gamma / \partial \log C_2)_{T,p}$ は温度，圧力一定で測定した非イオン界面活性剤水溶液の表面張力（対数にプロット）と濃度の対数曲線の勾配より求められる．

図 2.8 はヘキサオキシエチレンドデシルエーテル水溶液の $\gamma \sim \log C_2$ 曲線である．図の曲線からいろいろな濃度で勾配を求め，式(2.27) から Γ_2 を算出し，濃度に対してプロットすると図 2.9 の吸着等温線が得られる．吊り板法で測定された表面張力から求められた値はラジオトレーサー法で直接測定した吸着量とよく一致している．この一致は非熱力学的な規約を含む式(2.26) が実験によって妥当であり，吸着量の計算に使用してよいことを意味している．しかし，同じ溶液の表

面張力を滴重法で測定した表面張力濃度曲線から求めたギブズ吸着量は実測値と一致しなかった．そのため，熱力学的解析に用いる表面張力は平衡表面張力の値を使わねばならないことがわかる．

次に，式(2.25)をドデシル硫酸ナトリウム(SDS)の水溶液に適用してみよう．SDSは1:1型電解質のため溶液相におけるドデシル硫酸アニオン(D)の濃度とナトリウムカチオン(Na)の濃度は等しい(静電気的中性条件)とおけるので，式(2.25)より，

$$d\gamma = -RT(\Gamma_D d\ln C_D \times f_D^- + \Gamma_{Na} d\ln C_{Na} \times f_{Na}^+)$$
$$= -RT[(\Gamma_D + \Gamma_{Na})d\ln C_2 \times f_2^{\pm}]$$

ここで，$C_D + C_{Na} = C_2$，$f_D^- f_{Na}^+ = f_2^{\pm}$で，$f_2^{\pm}$は平均活量係数である．同様に，界面相でもアニオンカチオンでの濃度が等しく，静電気的中性条件が成り立つので，$\Gamma_D = \Gamma_{Na} = \Gamma_2$となる．したがって，式(2.25)は係数に2がついて，

$$d\gamma = -2\Gamma_2 RT d\ln C_2 \times f_2^{\pm} \tag{2.28}$$

となる．

図2.10は25℃における式(2.28)から求めたΓ_2と実測値の吸着量を示す．一般に，$n:m$型イオン界面活性剤のときには式(2.26)に係数は$(n+m)$となる．表2.4は種々の界面活性剤水溶液におけるcmc近傍で実測した飽和吸着量の値を示す．これらの値は実際に吸着している界面活性剤の分子面積や表面張力の測定値の妥当性を判断するのに役立たすことができる．

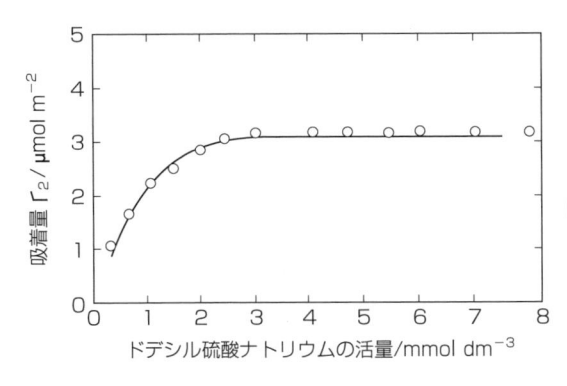

図2.10 式(2.28)の計算値と実測値との比較(25℃)
——：ウィルヘルミー法による測定値を式(2.28)で計算した値．
○：直接測定した値．

表 2.4　直接測定による界面活性剤の吸着量[*1]

界面活性剤	界面の種類	測定水溶液の種類	温度 °C	吸着量 $\mu mol\ m^{-2}$	$Å^2\ mol^{-1}$	cmc $mmol\ L^{-1}$
$C_{12}H_{25}SO_4Na$	気/水	水	25	3.19	52.0	8.1
	気/水	0.01 mol L^{-1}NaCl	25	3.90	42.6	5.10
	気/水	0.115 mol L^{-1}NaCl	25	4.33	38.4	1.5
$C_{14}H_{29}SO_4Na$	気/水	水	30	3.21	51.7	2.0
	トルエン/水	水	30	1.72	96.5	1.5
	トルエン/水	0.075 mol L^{-1}NaCl	30	2.52	65.9	0.10
$C_{12}H_{25}(EO)_6OH$	気/水	水	30	2.73	60.8	$5.2×10^{-3}$
	気/水	0.040 mol L^{-1}NaCl	30	3.27	50.8	
	気/水	0.040 mol L^{-1}尿素	30	2.41	68.9	$5.5×10^{-3}$
	気/水	0.4 mol L^{-1}尿素	30	2.10	79.4	$5.5×10^{-3}$
	気/水	4 mol L^{-1}尿素	30	1.50	105.7	$5.5×10^{-3}$
NDA	気/水	水	30	3.73	44.5	1.0
	気/水	1 mol L^{-1}NaCl	30	4.74	35.0	0.4
	単分子膜/水	水	30	2.0	80.4	浸透吸着
DMPC	気/水	水	40	3.02	55.0	分散液
DOPC	気/水	水	40	2.21	75.0	分散液

[*1] 測定はすべてトリチウム標識界面活性剤を用いてラジオトレーサー法で行った．
NDA：$C_{12}H_{25}N^+(H)_2(CH_2)_2COO^-$．
DMPC：dimyristoylphosphatidylcholine，ジミリストイルホスファチジルコリン．
DOPC：dioleoylphosphatidylcholine，ジオレオイルホスファチジルコリン．
浸透吸着量は DMPC 1.0 $\mu mol\ m^{-2}$密度に対する値である．

2.2.3　油水界面のギブズ吸着量

　油水界面での吸着は医薬，農薬，食品，香粧品など実用的応用例が多く，重要である．では油水界面での吸着はどのように扱うのであろうか．α 相に水(溶液)相，β 相に油相をとり，相互飽和した二つの溶媒相を考える．水と油に対してそれぞれ独立に図 2.6(c)のようなギブズ界面を考える．水と油の分子容が異なるため，一般にこれら二つのギブズ分割界面の幾何学位置は一致しない．したがって，式(2.17)の V^σ はゼロにならない．Hansen はこの二つの分割界面の距離を λ として，界面の面積 A における界面の体積 V^σ を

$$V^\sigma = \lambda \times A \tag{2.29}$$

と定義した．油水界面では式(2.20)の第二項がゼロとならないことは図 2.11 に示す 25°Cにおける水-ヘキサンの界面張力〜圧力曲線から明らかである．
　温度，圧力が一定で，油水界面における 1：1 型イオン界面活性剤の吸着を考え

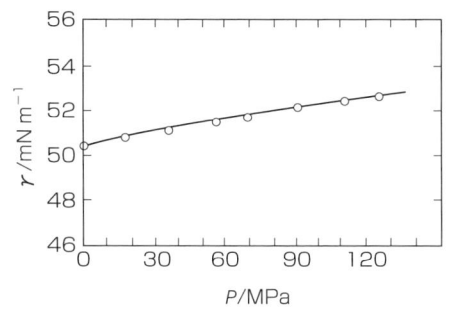

図 2.11 水-ヘキサン界面の界面張力の圧力依存性 (25℃)

てみよう．水を 1，油を 2，界面活性剤を $i=3$ とすると，式(2.22)の代わりに水相と油相におけるそれぞれのギブズ-デュエムの式と式 (2.21) とから，界面活性剤の吸着式は

$$d\gamma = -2\, \Gamma_3^{(H),1,2} RT\, d\ln C_3 \times f_3^\pm \tag{2.30}$$

となる．ここで，$\Gamma_3^{(H),1,2}$ は Hansen の規約とよばれ，

$$\Gamma_3^{(H),1,2} = \Gamma_3^{(G),1} - \Gamma_2^{(G),1}\{(n_1^w n_3^o - n_1^o n_3^w)/(n_1^w n_2^o - n_1^o n_2^w)\} \tag{2.31}$$

である．ここで，上ツキ w と o は水相と油相を表す．もしも，水相と油相の相互溶解度が小さく，界面活性剤が油相に溶解しないとすると，n_1^o，n_2^w，n_i^o はそれぞれほぼ 0 とおけるので，式(2.31)は簡略化されて，

$$\Gamma_i^{(H),1,2} = \Gamma_i^{(G),1} \tag{2.32}$$

となり，式(2.30)は式(2.28)と一致する．

式(2.30)を導くために用いられた Hansen の規約が成立することはテトラデシル硫酸ナトリウムを用いて，トルエンと水の界面における吸着量の実測値とギブズ吸着量が一致することから調べられている．したがって，油水界面での界面活性剤の吸着量の計算にも式(2.28)が適用できる．

2.2.4 固体表面の偏析現象

鉄やニッケルなどの純粋な金属やステンレスなどの合金でも，通常金属には数種類の微量の非金属元素が含まれている．そのため，金属を真空中で加熱すると，金属の内部にある非金属元素が表面に単原子厚の吸着層となって現れたり，三次元的な多層吸着層として現れてくる．このような現象を偏析 (segregation) とい

う．表面に三次元的な厚さで析出物が形成する現象は析出（precipitation）といって区別している．そして，このように金属の内部と異なった組成が表面にできると，材料の性質に金属表面が関与するような場合，材質に大きな影響を与えることになる．たとえば，浸炭や窒化による金属の改質，また，めっき，塗装，セラミックスコーティングなどの表面処理では大きな問題となる．さらに，金属中のリンや硫黄は加熱により金属の表面だけでなく金属の粒界にも偏析する．そのため，偏析の発生が鉄鋼材料の焼き戻し脆性や高温脆化の一因となっている．

金属表面での偏析や析出現象の解明は固体表面の基礎的な研究としてだけでなく実用的見地からも金属材料の性質として重要な問題である．そこで，この現象は金属内部と表面との間の吸着現象として熱力学的に相平衡論で理解することができるので，純金属や合金中に含まれる微量非金属元素の表面について考えてみよう．

2.2.5 純金属の表面偏析

金属中の非金属元素が加熱により偏析をおこすのはおもに三つの理由による．その原子が表面に偏析したことによって，① 表面自由エネルギーを低下させる効果，② 固体内部における隣接原子間の相互作用エネルギーの変化，③ 偏析することによる結晶のひずみエネルギーの緩和，などである．析出層をつくるときには金属と非金属元素とで化合物を形成することもあるので，反応による生成エンタルピーも寄与することになる．このような場合には，表面偏析の機構はエンタルピーの減少が偏析をおこす推進力となる．

金属の表面濃度はLEED（低速電子回折，low-energy electron diffraction）で直接測定することができる．鉄の単結晶を1023 Kに加熱したときの（100）面上に偏析するリン，酸素，硫黄の表面濃度は時間が経つにつれて図2.12のように変化する．加熱した初期はリン，酸素，硫黄がともに表面サイトに偏析するが，時間が経過するにつれて，硫黄の偏析量が増加して最初にリンが，次に酸素が表面からなくなる．この現象は偏析する1原子あたり，硫黄がもっとも表面自由エネルギーを下げる効果が大きいことを示唆している．

図2.13は内部炭素濃度が0.26原子％を含むニッケル単結晶の（111）表面におけるニッケル原子と炭素原子のオージェ電子分光法による散乱電子のエネルギー

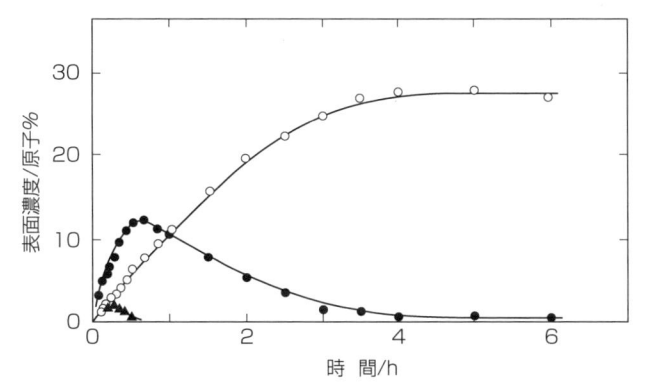

図 2.12 鉄（100 面）の表面における偏析（1 023 K）
▲：リン，●：酸素，○：硫黄．

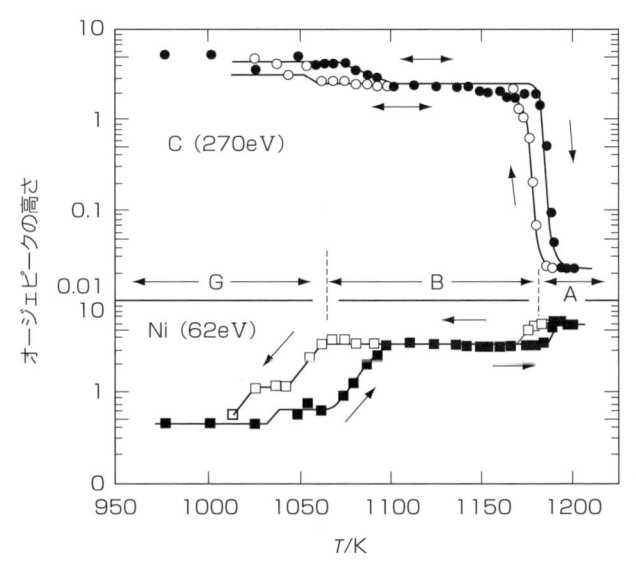

図 2.13 ニッケル（111）の表面における炭素の偏析
オージェピークの高さの温度依存性より測定．
→：加熱過程，←：冷却過程．

ピーク高の温度依存性である．1065 K までの G 領域では多層のグラファイト層の析出がおこり，1180 K までの B 領域はグラファイトの単原子層，そしてそれ以上の A 領域では表面濃度と内部濃度とが等しくなり偏析は認められなくなる．G 領域では炭素原子が Ni-C 系での固溶解度以上になるため多層のグラファイト層

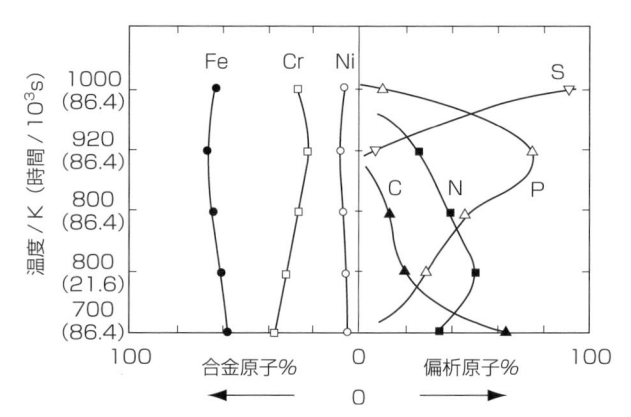

図 2.14 合金 SUS 304 の温度 (保持時間) による合金組成と偏析原子の関係

の析出がおこる．偏析現象は一種の相転移現象で活性化エネルギーが異なるため，加熱・冷却過程で図 2.13 のようにヒステリシスがおこる．

2.2.6 合金の表面偏析

ステンレス鋼 (SUS 304 鋼) の表面における炭素，リン，窒素，硫黄の偏析原子％は加熱温度によって図 2.14 のように変わる．950 K を境として，低温側ではリンや炭素が表面に偏析し，高温側では硫黄が偏析することがわかる．実際に，自動車，亜鉛鉄板，ブリキなどの薄い鋼板は製造工程の焼き鈍したときに，内部からグラファイトが析出してきて，これが塗装や表面処理のハジキの原因になっている．

2.2.7 表面偏析現象と熱力学

固体表面でおこる偏析現象は界面活性剤水溶液の気液界面における相対表面過剰量と同じようにギブズ吸着として熱力学的に解析することができる．液体表面では表面張力と濃度の関係を容易に測定することができるため，熱力学的解析のおもな目的はギブズ吸着等温式から相対表面過剰量を求めることである．しかし，固体表面では吸着量と内部濃度との関係は比較的容易に LEED などで測定ができるので，固体表面での熱力学的解析はおもに内部濃度と偏析量の関係を自由エ

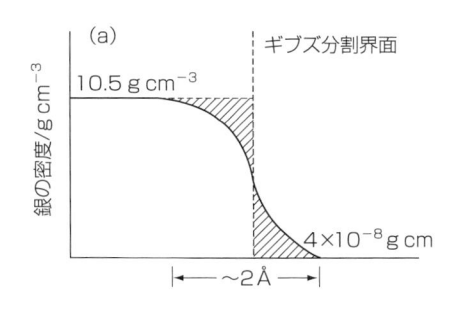

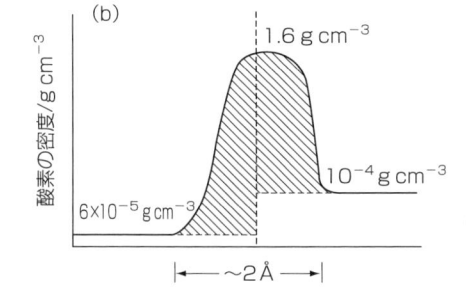

図 2.15 銀〜酸素界面における密度分布
　　　　(a)　銀の分割界面
　　　　(b)　酸素の表面過剰

ネルギーの相関図から相平衡がどのような関係になっているかを明らかにすることである．

　金属中に含まれている微量の非金属元素は溶質と考えられるので，固体表面におけるギブス分割界面は気液界面と同じように，たとえば，図2.15の銀〜酸素界面のようになる．このようにして，銀の分割界面に対して酸素の相対表面過剰量が定義できる．ギブスの表面自由エネルギー変化 dG^σ は

$$dG^\sigma = -S^\sigma dT + V^\sigma dp - Ad\gamma + \sum \mu_i dn_i^\sigma \tag{2.33}$$

で与えられる．一方，金属内部（α 相）の自由エネルギー変化は

$$dG^\alpha = -S^\alpha dT + V^\sigma dp + \sum \mu_i dn_i^\alpha \tag{2.34}$$

である．温度，圧力一定の下で溶質濃度と吸着量との関係は式(2.25)で与えられる．また，金属表面における偏析（吸着）等温線（通常は Langmuir-McLean 型である）が測定できるので，温度，圧力一定の下で式(2.33)と(2.34)の自由エネルギー変化はそれぞれ溶質濃度の関数として表すことができる．

　組成変化と自由エネルギーの変化との関係を具体的に考えてみよう．たとえば，温度，圧力一定の下で非金属元素2は内部相（α）と表面相（σ）の自由エネルギー

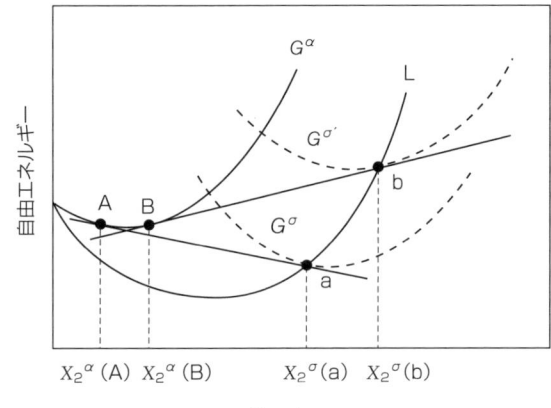

図 2.16 金属の内部相（α）と平衡にある（直線 a, b）表面相（σ）のギブズ自由エネルギー（G）と濃度（X_2）との関係
金属の内部は最初 $X_2^\alpha(A)$ で G^α 曲線の A 点にある．これと平衡にある表面相は $X_2^\sigma(a)$ で G^σ 点線の a 点である．A と a を通る接線は $\mu_2^\alpha = \mu_2^\sigma$ を示す．組成が A から B に変わると，平衡状態は B と b を通る接線の化学ポテンシャルとなる．そのとき，表面相は G^σ から $G^{\sigma\prime}$ に変わる．この変化が式(2.33)の γ の変化に対応する．曲線 L はこの変化の軌跡を示す．

が概念的に図 2.16 のようになるとする．図 2.16 で曲線 G^α は内部相における溶質 2 のモル分率 X_2^α と自由エネルギー G^α の関係を示し，一方，曲線 G^σ は表面相における X_2^σ と G^σ を示している．

いま，内部相について，非金属元素 2 の内部組成が $X_2^\alpha(A)$ から $X_2^\alpha(B)$ に変わる場合を考える．はじめに，非金属元素 2 は α 相と σ 相での化学ポテンシャルが等しく，相平衡が成り立っているので，G^α 曲線の A 点での接線（化学ポテンシャル）は G^σ 曲線での点 a と接していることになる．そして，表面組成（偏析量）は点 a での組成 $X_2^\sigma(a)$ である．内部濃度が B 点に変わると，式(2.25)から明らかなように表面張力が変わるために，G^σ 曲線は $G^{\sigma\prime}$ 曲線となり，B 点での接線は $X_2^\sigma(b)$ で接することになる．したがって，内部相の組成と相平衡になる表面相の組成は点 a, b で示すように曲線 L に沿って変化することになる．金属の表面偏析組成と自由エネルギー変化の関係が理解できる．

純金属や合金の偏析現象は相平衡現象として熱力学的に解析できる．とくに，表面で偏析原子が化合物を形成するときには式(2.33)において，原子間の相互作

用を化学ポテンシャル項に考慮して使うことによって議論できる．

2.3 毛管現象（capillary phenomenon）

　水，あるいは水銀の中にガラスの毛管を図2.17に示すように差し込むと，水は毛管内を上昇し，水銀は逆に毛管内を下降する．このような現象は毛管現象とよばれている．液体が固体表面に囲まれたせまい空間内に入り込もうとする力やそこから排除される力は，空間の大きさや形状，液体の表面張力，そして液体の固体表面に対する接触角（contact angle）で決定される．たとえば，せまい空間の形状が円筒状の毛管と仮定し，それを液体中に垂直に差し込んだ場合，毛管内に侵入しようとする力による毛管上昇の高さ，あるいは毛管内より排除される力による毛管降下量は，次式で示されるように毛管の半径，そして液体の表面張力，接触角に密接に関係している．

$$\pi r^2 h \rho g = 2\pi r \gamma \cos\theta \tag{2.35}$$

ここで，r は円筒形細孔の半径，h は毛管上昇高さ，ρ は液体の密度，g は重力加速度，γ は液体の表面張力，θ はせまい空間内の固体表面と液体の接触角を示す．

　式(2.35)より接触角が90°より小さいとき，液体は毛管上昇し，逆に90°より大きいとき，h は負の値となり，液体は毛管降下することがわかる．通常，清浄なガラス表面に対する水の接触角はゼロであり，水銀の接触角として140°が用いられている．毛管の材質と液体の組合せにより接触角 θ は異なる．各種の固体表面に対する水や水銀，その他の液体に対する接触角を表2.5に示す．

　液体の表面張力は，2.1.1項で前述したように液体の表面積を小さくしようと液体表面上の単位長さあたりに生じている張力である．その根元となる力は，液

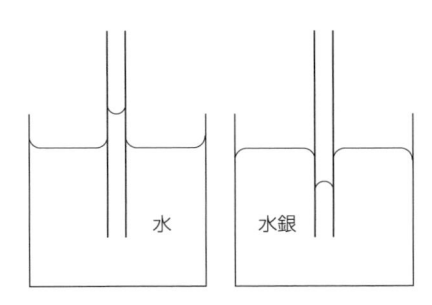

図 2.17　接触角の違いによる毛管現象の差異

表 2.5 各種物質に対する水および水銀の接触角

水の接触角

無機物質	接触角/°	金属	接触角/°	有機化合物	接触角/°
アルミニウム	92	Ag	11.2	アルキルケテンダイマー	109 (174)
酸化アルミニウム	30	Pt	10.4	(フラクタル面)	
鋼	70〜80	Cu	6.4	テフロン	108
滑石	70	Zn	5.5	パラフィン	105〜108
石墨	55	Fe	5.1	ポリプロピレン	95
黄銅鉱	47	Au	4.2	ポリエチレン	94
黄鉄鋼	33	Pb	2.4	ポリスチレン	91
方解石	0〜10			ポリ塩化ビニル	87
シリカ	0〜10			ポリテレフタル酸エチレン	81
板ガラス	4			ポリ塩化ビニリデン	80
ガラスビーズ	0			ポリフッ化ビニル	80
シラン処理ガラスビーズ	42〜53			ナイロン	70
				ポリビニルアルコール	36

水銀の接触角

物質	接触角/°	物質	接触角/°	物質	接触角/°
ガラス	140	スチール	150	炉材	140
ガラス	135	石炭片	142	ナイロン	145
ガラス	139	パラフィンワックス	149	活性炭	130

種々の物質と液体との組み合わせによる接触角

物質	液体	接触角/°	物質	液体	接触角/°
テフロン	ヘキサン	12	溶融シリカ	カプリル酸	32
テフロン	グリセリン	100	溶融シリカ	1-オクタノール	42
パラフィン	グリセリン	96	$\alpha\text{-}Al_2O_3$	カプリル酸	43
パラフィン	デカン	7	$\alpha\text{-}Al_2O_3$	1-オクタノール	43
パラフィン	ヘキサデカン	27	鉄	ヘキサン	78
銅	ヘキサン	110	アルミニウム	ヘキサン	59

体表面上の分子と，液体中の分子との間のエネルギー差によって生じたものである．その結果，表面の分子は液体内部に潜り込み液面の表面積を小さくしようとしている．したがって液面が凸型の小さい球状の液滴の場合，液面の面積を小さくしようとする表面張力の作用で，液体内部は加圧状態となる．このような表面張力による液体内部の圧上昇は，液滴表面の曲率に関係し，次のラプラスの式で与えられる（2.6.1項参照）．

$$\Delta P = \gamma \left(\frac{1}{r_1} + \frac{1}{r_2} \right) \tag{2.36}$$

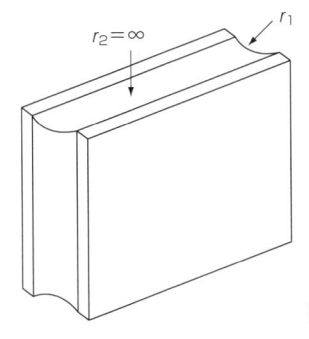

図 2.18 2枚のガラス板にはさまれた液膜

ここで，ΔP は液体内部と外部との圧力差，γ は液体の表面張力，r_1 は液面の曲率半径，r_2 は r_1 と直角方向の曲率半径を示す．

液面が凹型の形の場合，すなわち細孔内に毛管凝縮した液体の表面，あるいは毛管上昇した液体の表面のような場合，上式の液面の曲率半径 r_1, r_2 は負の値となるので，ΔP の値は負となり，液体内部には負圧が生じることになる．すなわち表面積を小さくしようとする力は曲率半径を小さくしようとする力で，これは液体の体積を小さくしようとする負圧となる．毛管ガラス内の水銀面のように液面が凸型の場合とは逆の効果となる．このように細孔内液面の凹凸の違いにより液体内部の圧力は，負圧あるいは加圧状態となる．したがってこれと平衡状態になるために毛管内で，液体は毛管上昇あるいは下降がおきる．

この負圧に基づいて重要な現象が身近でおこっている．たとえば，図 2.18 に示すように表面が清浄な2枚のガラス板を水でよくぬらし，それらを重ね合わせた場合，ガラス板の面に平行な力を加えて板をその方向に動かすことは容易であるが，ガラス板の面に対し垂直方向の力を加えて2枚のガラス板を引き離すことは非常に困難である．これは2枚のガラス板間のせまい間げき内に存在する水の負圧により引きおこされた現象である．この水の内部に生じる負圧 ΔP は，次式で表される．

$$\Delta P = \gamma\left(\frac{1}{r_1}+\frac{1}{r_2}\right) \tag{2.37}$$

ここで，r_1 は液面の曲率半径で，この場合液面は凹面なので負の値，r_2 は r_1 と直角方向の曲率半径でこの場合，無限大となる．

いま，2枚のガラス板の間げきを $2\,\mu\text{m}$，すなわち $r_1=-1\,\mu\text{m}$ と仮定し，すき間の中の液体を水，接触角をゼロと仮定すると，20℃の場合，負圧は次式のように求められる．ただし $r_2=\infty$，表面張力 $\gamma=7.28\times10^{-2}\,\text{N m}^{-1}$ である．

$$\Delta P = 7.28\times10^{-2}\left(\frac{1}{-10^{-6}}\right) = -7.28\times10^{4}\,\text{N m}^{-2}\;(-0.72\,\text{気圧}) \tag{2.38}$$

したがって，ガラス板を引き離し，負圧が生じている液体架橋（liquid bridge）を破壊するのに必要な力 F は，負圧による力とは逆向きの力で次式によって計算される．

$$F = -\Delta P \times (\text{ガラス板の面積}) \tag{2.39}$$

力 F は非常に大きな力となることがわかる（ガラス板の一片の長さが $10\,\text{cm}$ の正方形の場合ガラス板を引き離すのに約 $74\,\text{kg}$ 重の力が必要）．

　一般に湿度が高くなると粉体の付着性が増大することは，身近な現象としてよく経験することである．この現象も毛管現象と密接に関係している．すなわち，湿度が高いと，図2.19に示すように球状粒子が接触しているせまい間げき空間に水蒸気は毛管凝縮する．この毛管凝縮液体は，粒子間をつないでいるので液体架橋とよばれる．球状の2粒子間に形成された液体架橋の液面形状は，負の小さい曲率半径（r_1）の凹面と，正の大きい曲率半径（r_2）の凸面からなる．したがって液体内部に生じる圧力は負圧となり，その大きさは式(2.37)で求められる．付着力は，図2.19の2粒子を引き離し，液体架橋を破壊する力であるので，この負圧による力と，さらに液体の表面に働いている表面張力との和で表される．

　一般に固体表面がある特定の液体にぬれる場合，固体のせまい空間内には，飽和蒸気圧より小さい蒸気圧下で液体の蒸気は毛管凝縮し液体が形成される．いま簡単のためせまい空間の形状が円筒状の毛管のとき，毛管凝縮を開始する蒸気圧を P，円筒状細孔の毛管半径を r とすると，両者の関係は次のケルビンの式で示される（2.6.1項参照）．

$$\ln(P/P_0) = -2\,V\gamma\cos\theta/(RTr) \tag{2.40}$$

ここで，P_0 は温度 T における飽和蒸気圧，V はモル容積，γ は表面張力，θ は接触角，R は気体定数，T は温度を示す．

　細孔半径が小さいときほど低い蒸気圧で毛管凝縮がおこることがわかる．水蒸気の場合，毛管凝縮が発生する蒸気圧（P/P_0）と細孔半径（r）との関係を表2.6

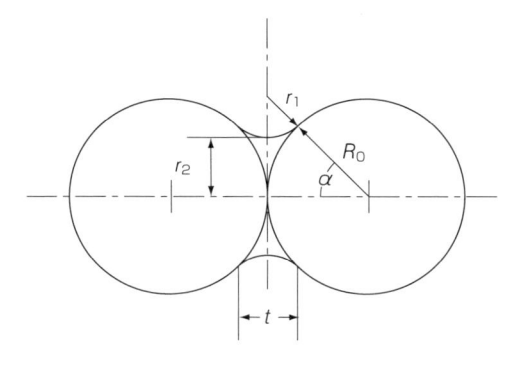

図 2.19 球状粒子間に形成された液体架橋の模式図
$r_1 < r_2$ のとき付着性が大きい (2.6.2 c. 項参照).

表 2.6 種々の相対湿度 (relative humidity) における毛管凝縮半径およびスリット幅

相対湿度 %rH	r/nm (円筒形細孔半径)	d/nm (スリット型平板間距離)
95	21.0	10.5
90	10.2	5.1
85	6.6	3.3
80	4.8	2.4
75	3.8	1.9
70	3.0	1.5
65	2.5	1.3
60	2.1	1.1
55	1.8	0.9
50	1.6	0.8

に示す．毛管凝縮がおこれば気体の吸着量は急激に増大するので，吸着等温線を測定すればその等温線上に変化が生じるはずである．この吸着増量をケルビンの毛管凝縮式(2.40)，(4.35)を用い解析することで多孔物質の細孔分布を求めることができる．この方法が吸着による細孔分布の測定法である．通常吸着質として窒素ガスが用いられる（4.5.2 項参照）．

　液面が凸となる液面，すなわち液滴の場合の蒸気圧についても，このケルビンの毛管凝縮式を用いて求められる．この場合，蒸気圧はバルクな液体の飽和蒸気圧よりも大きくなる．詳細については，2.6.1 項で述べる．

2.4 界面動電現象 (electrokinetic phenomena)

2.4.1 液体中で粒子はどうして帯電するのであろうか

　固体，液体，気体の多くの物質はコロイド状の大きさの粒子にして液体中に分散させると表面に静電気が発生する．エーロゾルなど液体や粉体を気体中に分散させても静電気をもつようになる．微粒子と帯電の関係は微粒子の種類や媒質の性質などによっても異なるので単純ではないが，おもな粒子の水中における電荷を表2.7に示す．ではどのようなメカニズムで帯電するのか考えてみよう．

a． 粒子表面の電離基の解離による帯電

　カーボンブラック，パラフィン，ラテックスなどの粒子表面には多くのカルボキシル基，スルホン基，アミノ基やカルボニル基が存在している．粒子表面は水中でこれらの基団の電離によって帯電したり，水分子の強い配向分極によって誘電的に帯電する．とくに，イオン交換樹脂などは粒子表面に多くのイオン交換基があり，容易に電離して帯電する．たとえば，アニオン型交換樹脂では $-COOH$

表 2.7　水中における粒子の ζ 電位

粒　子	ζ/mV	粒　子	ζ/mV
コロイド状鉛	-18	金コロイド	
水酸化鉄(III)	-44	13.5 mmol L^{-1} KCl	-50.4
白金ゾル	-44	22.2	-45.1
石英粒子	-44	43.5	-33.5
油　滴	-46	67.8	-31.0
粘土のサスペンション	-48.8	0.067 mmol L^{-1} BaCl$_2$	-45.0
パラフィン粒子	-57.4	0.132	-38.7
コロイド状金	-58	0.195	-32.6
α-Al$_2$O$_3$	$+48$	0.376	-30.5
SiO$_2$	-47	TiO$_2$ゾル (pH 10)	
エマルション (C$_{12}$(EO)$_8$)	-36	10 mmol L^{-1} NaCl	-67
(CTAB)	$+58$	2	-88
(SDS)	-62	0.4	-105

C$_{12}$(EO)$_8$：octa(oxyethylene)dodecyl ether, オクタオキシエチレンドデシルエーテル．
CTAB：cetyletrimethylammonium bromide, セチルトリメチルアンモニウムブロミド．
SDS：sodium dodecylsulfate, ドデシル硫酸ナトリウム．

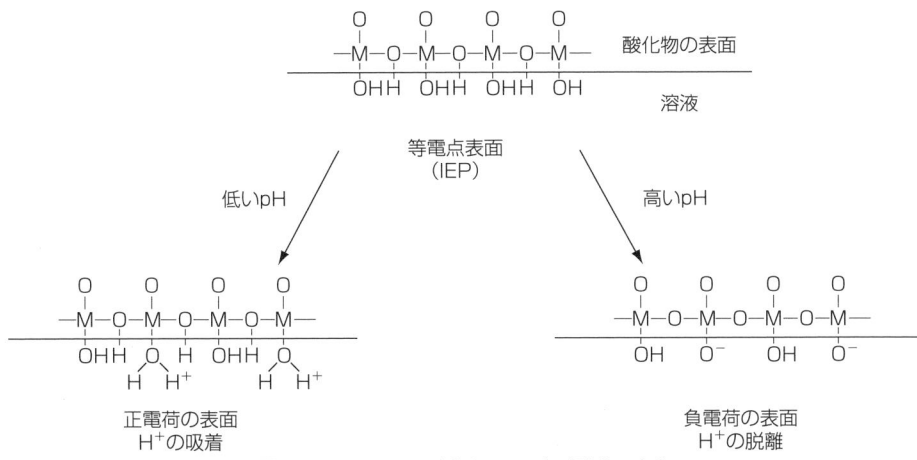

図 2.20 プロトンの授受による表面電荷の変化

や$-SO_4Na$ 基をもち，カチオン型交換樹脂では$-NH_3(OH)$基をもつ．

粒子自身でなく，イオン界面活性剤などが気泡，液体，固体の粒子の表面に吸着することによっても，粒子は帯電する．たとえば，親水基が$-COONa$や$-SO_4Na$のアニオン界面活性剤では粒子表面は負に帯電し，親水基が$-N(CH_3)_3X$のカチオン界面活性剤では正に帯電する．また，タンパク質，ペクチン，ポリアクリル酸などの吸着による帯電も解離基の電離によっておこる．

b. プロトンの授受による帯電

金属の酸化物やケイ酸塩などの粒子の帯電は水中の水素イオンや水酸化物イオンの濃度によって正に帯電したり，負に帯電したりする．図 2.20 は水中に分散した酸化物の表面が水素イオンによってどのように帯電するのかを模式的に示している．

水中で酸化物の表面は水素イオンまたは水酸化物イオンで水和している．そこで，溶液の pH が下がり，水素イオンの濃度が増加すると金属原子に水和していた$-OH$基へのH^+の吸着がおこり，表面は正に帯電するようになる．反対に，溶液の pH が増加して水酸化物イオンが増えると，$-OH$基よりH^+の脱離がおこり，表面は負に帯電するようになる．このようにして，溶液の液性を酸性から塩基性に変えることによって，酸化物の見掛けの表面電荷を正から負の広い範囲にわたって変えることができる．そこで，表面の電荷がちょうどゼロになるときの

表 2.8 水中における分散系のゼロ電荷点 (ZPC)

分散系	ZPC	分散系	ZPC
$\alpha\text{-}Al_2O_3$	9.1～9.2	$\alpha\text{-}FeOOH$ ゲータイト	6.1～6.7
$\gamma\text{-}Al_2O_3$	7.4～8.6	$\gamma\text{-}Fe_2O_3$	6.7～8.0
$\alpha\text{-}Al(OH)_3$	5.0～5.2	SiO_2 石英	1.8～2.5
$\gamma\text{-}Al(OH)_3$	9.3	ゾル	1～1.5
CuO	9.5	TiO_2 合成ルチル	6.7
$Cu(OH)_2$水和物	7.7	天然ルチル	5.5
Fe_3O_4	6.5	合成アナタース	6.0
$Fe(OH)_2$	12.0	ZnO 水和物	9.3
$\alpha\text{-}Fe_2O_3$赤鉄鉱	8.3	ZrO_2	4

水素イオン濃度をゼロ電荷点 (zero-point of charges, ZPC) という. 表2.8は種々の分散系のZPCを示す. ZPCは溶液のpHと分散系の性質との関係を知るうえで重要な因子となっている. 水中に分散した粒子の表面電位がpHでちょうどゼロになるようなpHを等電点 (isoelectric point, IEP) とよぶこともあるが,正しくはない.

c. 電位決定イオンの授受による帯電

ヨウ化銀の微粒子は表面の静電気状態がもっともよく調べられている系の代表的なものの一つである. 水中でAgI粒子は負に帯電する. いま, 銀とヨウ素を含む適当な塩をそれぞれAgIゾルに溶かすことによって, Ag^+とI^-の濃度変化とAgI粒子の表面電荷との関係を調べることができる. 図2.21に示すように, Ag^+を増加させるとAgIの結晶面にAg^+が入り込み粒子の表面は正に帯電する. また, I^-を増加させると結晶面にI^-が入り込み表面は負に帯電する. このように表面の電荷の符号は溶液中に存在するイオンの濃度によって異なってくる. そこで, 表面の電荷の符号を決定するこのようなイオンを電位決定イオン (charge determining ions) という.

そこで, 溶液中の電位決定イオンの濃度を適当に選べば粒子の表面電荷をゼロにすることができる. たとえば, 水中でAgIの溶解度積は25°Cで7.5×10^{-17} mol^2 dm^{-6}なので, $[Ag^+]=[I^-]=8.7\times10^{-9}$ mol dm^{-3}である. $[Ag^+]$が3.0×10^{-6} mol dm^{-3}以上にすると (そのとき $[I^-]<2.5\times10^{-11}$ mol dm^{-3}), AgI粒子は正に帯電し, この濃度以下では負に帯電する. $[Ag^+]$が3.0×10^{-6} mol dm^{-3}のとき, 表面電荷はゼロになる. この濃度がゼロ電荷点(ZPC)である. ゼロ電荷点の濃度は一

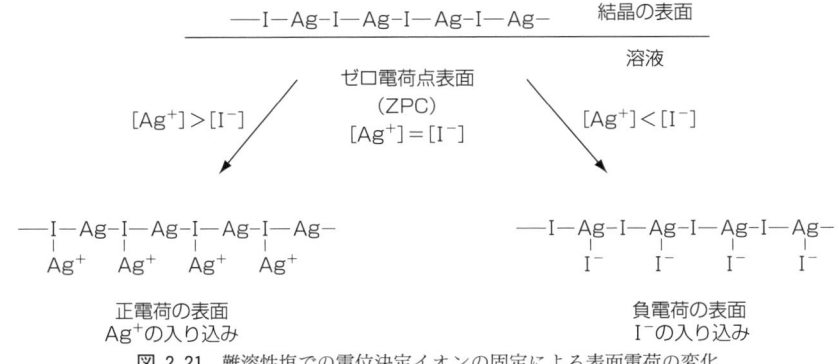

```
                ―― I ― Ag ― I ― Ag ― I ― Ag ― I ― Ag ―           結晶の表面
                                                                  溶液
                                    ゼロ電荷点表面
                                       (ZPC)
         [Ag⁺] > [I⁻]                [Ag⁺] = [I⁻]              [Ag⁺] < [I⁻]

  ―― I ― Ag ― I ― Ag ― I ― Ag ― I ― Ag ―      ―― I ― Ag ― I ― Ag ― I ― Ag ― I ― Ag ―
     Ag⁺   Ag⁺   Ag⁺   Ag⁺                       I⁻     I⁻    I⁻    I⁻

       正電荷の表面                                 負電荷の表面
       Ag⁺の入り込み                               I⁻の入り込み
```

図 2.21 難溶性塩での電位決定イオンの固定による表面電荷の変化

般に pAg $(=-\log(3.0\times10^{-6})=5.5)$ で表される．

表面へのイオンの入り込みの分量は熱力学的にギブズ吸着式によって求めることができる．溶液中の Ag^+ の濃度を C_{Ag^+}，I^- を C_{I^-} とすると，表面電位 ψ_0 は，

$$\psi_0 = \frac{kT}{2e}\left[\ln\left\{\frac{C_{Ag^+}}{C_{Ag^+}(ZPC)}\right\} + \ln\left\{\frac{C_{I^-}(ZPC)}{C_{I^-}}\right\}\right] \tag{2.41}$$

より求めることができる．ここで，k はボルツマン定数，T は絶対温度，e は電気素量である．$C_{Ag^+}(ZPC)$ と $C_{I^-}(ZPC)$ はそれぞれゼロ電荷点のイオン濃度で，実験で決めることができる．単位面積あたりの表面電荷よりイオンの入り込みの分量が求められる．また，式(2.41)はネルンスト（Nernst）の式ともよばれる．

d． 溶媒と粒子の摩擦による帯電――コーエンの法則

液体中に分散した粒子は溶媒のブラウン運動を受けて熱運動をしている．その結果，溶媒と非電気伝導性の粒子は摩擦によって静電気がおこる．そのときの電荷の符号は誘電率（D）の大小によって異なる．

たとえば，シリカ粒子（$D=7.8$）を水（$D=81$）やアセトン（$D=21$）中に分散させると粒子は負に帯電する．しかし，パラフィン油（$D=2$）に分散させるとシリカ粒子は正に帯電する．このような関係から，流動パラフィン滴やバクテリアは，誘電率が水よりも小さいので，一般に水中で負の静電気で帯電する．このような関係をコーエンの法則という．

2.4.2 液体中の帯電はどのような構造になっているか

電荷を帯びた粒子が分散している液体は塩化ナトリウムの水溶液と同様に系全体として電気的に中性である．通常の無機イオン溶液中のアニオンとカチオンの分布は熱運動とエントロピー効果により器壁や気液表面の近傍以外どこも均一である．ところが帯電した粒子溶液の場合，イオンの大きさに比べて粒子が極めて大きいので，荷電粒子の対イオンは溶液中を自由に動けず，粒子近くに束縛されて存在している．

粒子の表面電位 ψ_0 は対イオンの電位によって打ち消されなければならない．対イオンは粒子表面に直接吸着している固定層（シュテルン層）と熱運動やエントロピー効果によって粒子表面からある一定の範囲に拡散している拡散層（グイ層）の部分とからなっている．その構造は図 2.22 に示すようになる．縦軸は電位差を表し，横軸は表面からの距離を表す．そこで，このような表面電位と対イオンの構造を拡散電気二重層またはたんに電気二重層（electrical double layer）という．拡散層の電位は拡散電位またはグイ電位 ψ_G という．粒子の表面電位と同じ

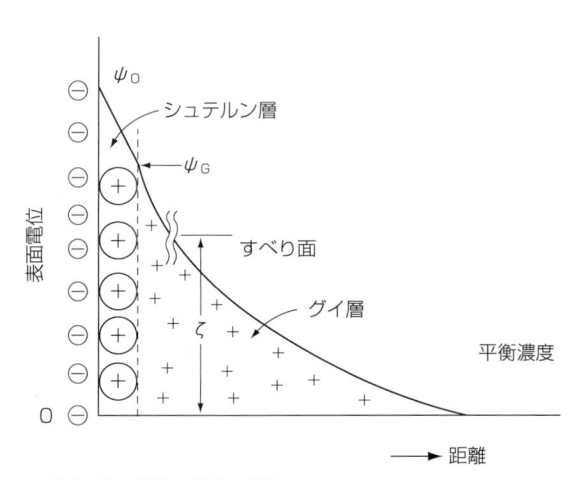

図 2.22 電気二重層の構造
表面電位が⊖のときのシュテルン層とグイ層による⊕の分布．すべり面での電位が ζ （ゼータ）電位として測定される．
シュテルン層に⊕が表面電位より多く吸着するとグイ層のイオンは⊖になる．

符号である対立イオンは対イオンの拡散層の中にも存在することができるが，粒子表面から十分離れた内部濃度に比べて少なく，しかも表面に近づくほどより少なくなる．

粒子の表面電位 ψ_0 を測定しようとしても，測定は不可能である．それは電気泳動などで粒子が分散媒中を移動するとき，固定層は粒子とともに動くが，拡散層はひずみを受け，部分的に切り放され，一部が粒子表面に残されてしまうからである．そのため，測定されるのは ψ_G よりやや外側の電位で，この電位を界面動電位（ζ電位，ゼータ電位）という．したがって，ζ電位は ψ_0 から固定相の対イオンの電位と切り放されずに残った拡散相の電位とを引いた電位差であり，ψ_0 や ψ_G とも異なる．しかし，一般にζ電位は ψ_G と等しいとして扱われ，分散系の安定性を定量的に議論するうえで極めて重要な物性となっている．詳細は5章で議論する．

2.4.3 液体中で帯電した粒子はどのような現象を示すか

帯電した粒子溶液と電場との関係は界面動電現象と一般によばれ，電気泳動，電気浸透，流動電位，沈降電位などの現象としておこることが知られている．これらの相互関係は表2.9に示してある．電気泳動と電気浸透の違いは分散液に電場をかけたとき，粒子が移動するのか，溶媒が移動するのかで決められる．沈降電位と流動電位の違いは分散液中の粒子が移動することによって電位が発生する現象と帯電粒子を含む液体自身の移動によって電位が発生する現象との違いである．

a．電気泳動

電気泳動（electrophoresis, cataphoresis ともいう）は液体中の固体微粒子やエマルションなどの界面動電位（ζ電位）の測定にもっともよく用いられている測定法である．分散液を光学セルに入れ，セルの両端の電極に電圧をかけて，電

表 2.9　4種類の動電現象における相互関係

現象	移動する相	静止している相	系の電位の授受源
電気泳動	粒子	溶媒	外部より電位を印加
電気浸透	溶媒	粒子	外部より電位を印加
流動電位	溶媒	粒子	荷電溶媒による電位の発生
沈降電位	粒子	溶媒	荷電粒子による電位の発生

気泳動を行う．そして，レーザー光によって照らしだされた粒子の移動速度と電圧の関係を顕微鏡の視野で直接測定するか，周波数のドップラー効果を用いて電気的に測定する．外部電場の強さが $1\,\mathrm{V\,cm^{-1}}$ のときの粒子の泳動速度を $u/\mathrm{cm\,s^{-1}}$ とすると，界面動電位 $\zeta(v)$ は

$$u = \frac{D_0 \zeta}{4\pi (300)^2 \eta} \tag{2.42}$$

となる．ここで，D_0 は溶媒の誘電率，η は溶媒の粘性である．式 (2.42) は電気二重層の厚さ $(1/\kappa)$ の逆数と粒子半径 r との積 $\kappa \times r$ が100以上の場合に適用される．しかし，$1/\kappa$ に比べて粒子半径の方が小さいとき，すなわち $\kappa r \ll 1$ の場合には

$$u = \frac{D_0 \zeta}{6\pi \eta} \cdot f(\kappa r) \tag{2.43}$$

となる．ここで，補正項 $f(\kappa r)$ はヘンリー係数といい，

$$f(\kappa r) = 1 + (1/16)(\kappa r)^2 - (5/48)(\kappa r)^3 + \cdots\cdots$$

で与えられる．粒子がさらに小さくなると泳動速度はイオンの移動度に近づく．

図 2.23 はドップラー効果によって流動速度を測定する装置である．電場によって移動している粒子にレーザー光があたると，粒子からの散乱光はドップラー効果により周波数が変位する．変位した量は，粒子の速度に比例するので，図 2.23 において光学セルを通過してドップラー効果を受けた主光束とハーフミラー ($\mathrm{HM_1}$) で分けられた参照光とを混合することによって周波数で変位に相当した

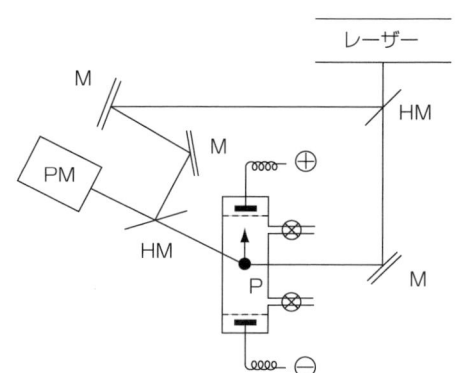

図 2.23　電気泳動の装置
　　　　HM：ハーフ・ミラー，M：ミラー，
　　　　PM：電子増位管(ホトマル)，P：泳動セル中の粒子．

量を光の強度として光子検出用光電子増倍管 (PM) で測定される．そして，粒子の泳動速度に換算され，ζ 電位が求められる．

電気泳動の測定はセルの中で溶媒の流れが静止している静止層における粒子の電気泳動速度を測定することが必要である．図 2.24 に示すように，セルの中心部の溶媒の移動は粒子の移動と同じで，最大である．しかし，セル壁近傍の液体はセルの電気二重層の影響を受けているため，粒子とは逆方向に移動する．そのため，セル中の溶媒流に静止層が現れるので，その位置での粒子速度が正しい泳動速度 u である．

b． 電気浸透

図 2.25 に示すようにダイヤフラム管に多孔性物質を詰めて，あらかじめ溶媒（通常は水）で満たしておき，両側に電極をとりつけて，溶媒中にセットする．外部より直流電圧をかけると，ダイヤフラム管の多孔性物質の間を通って溶媒が流

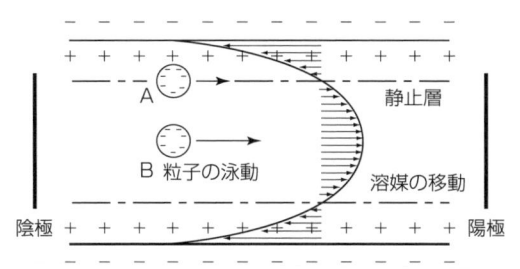

図 2.24 電気泳動セル中の溶媒と粒子の移動
　　A は粒子の泳動，B は溶媒の移動と粒子の泳動．

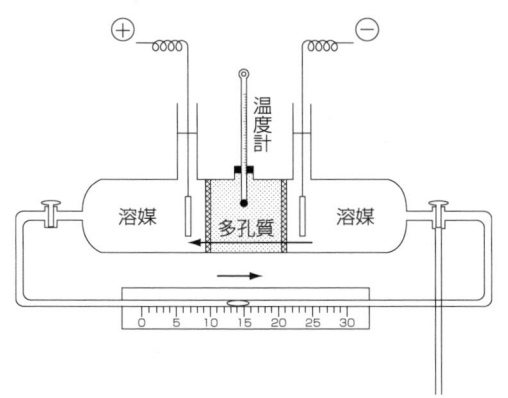

図 2.25 電気浸透の測定装置
　　閉鎖系の装置．気泡の移動より電気浸透量 V を求める．

れる．これは多孔性物質の表面にできる電気二重層によって溶媒が帯電するためである．

たとえば，物質が正に帯電すると水は電気二重層によって負に帯電するため正極に流れる．不溶性の水酸化物，酸化亜鉛，炭酸バリウムなどの系では負極に向かって流れる．加えられた電位勾配 E/V cm^{-1} と移動した溶媒の電気浸透量 V/cm^3 s^{-1} を測定することによって，ζ 電位を求めることができる．すなわち，

$$V = vS = \frac{SD_o \zeta E}{4\pi(300)^2 \eta L} \tag{2.44}$$

となる．ここで，v/cm s^{-1} は電気浸透速度，S/cm^2 はダイヤフラム管の有効断面積，L/cm はその有効長さで，S/L は装置定数である．D_o は溶媒の誘電率，η は溶媒の粘度である．

電気浸透(electro-osmosis)は工業の分野で広く利用されている．たとえば，沪過の困難なスラリー，ペースト，その他多孔性の粘土や泥炭などから液体を除去するときに，電気浸透法によって液体を容易にこしとることができる．

c．流動電位

流動電位(streaming potential)は電気浸透と逆の現象である．多孔性物質のダイヤフラムの一方に外圧をかけ，溶媒を流すと，ダイヤフラムの両端の電極に電位差が生じる現象である．1本の毛管を用いて，圧力差で溶媒を流しても電位差を生じる．この電位は流動電位とよばれる．流動電位を E/V，圧力差を Δp/cmHg，毛管内の溶媒の比電導度を k_b/mho cm^{-1}，溶媒の誘電率 D_o と粘性 η およびゼータ電位を ζ/V とすると，

$$E = (D_o \zeta \Delta p / 4\pi \eta k_b) \cdot (13.6 \times 981 \times 300/300 \times 9 \times 10^{11}) \tag{2.45}$$

となる．圧力差と流動電位の測定値から ζ 電位を求めることができる．式(2.45)はヘルムホルツ-スモルコフスキー(Helmholtz-Smoluchowski)の式といわれる．

図2.26の装置は酸化チタンの微粉末を充填したダイヤフラムを用いて流動電位を測定した例である．酸化チタンの微粉末は沪過法によって充填すると再現性のある流動電位の値が求められるようになる．電極には白金，銀，金を用い，電位差の測定は通常のpH計でも十分である．溶媒に水を用いるときは電極での気体の発生を防ぐために，Ag-AgClやZn-ZnSO$_4$のような可逆電池を用いなければ

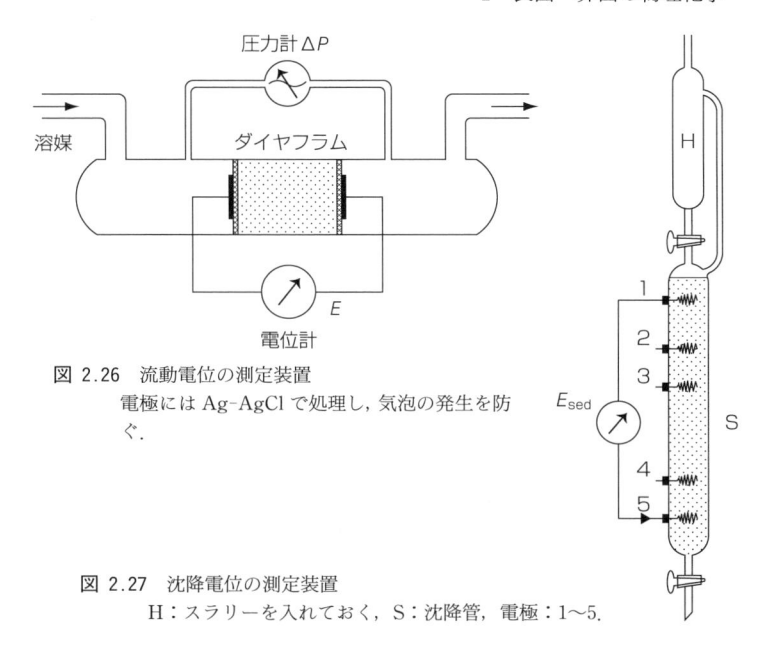

図 2.26 流動電位の測定装置
電極には Ag-AgCl で処理し, 気泡の発生を防ぐ.

図 2.27 沈降電位の測定装置
H：スラリーを入れておく, S：沈降管, 電極：1～5.

ならない. 液溜の一方から他方に溶媒の移動とともに電気が蓄積されるが, 溶媒が定常流になるとただちに一定電位差となり, それ以上は逆電流となって増加しなくなる.

d. 沈降電位

沈降電位 (sedimentation potential, Dorn 効果ともよばれる) は電気浸透の逆の現象で, 溶媒が静止していて, 粒子が移動することによって電位差が発生する. 図 2.27 のような装置を用いて電位差が測定される. 図の沈降管 S に分散媒を満たしておき, H にスラリーを入れ, コックを開くことによって, スラリーが S に沈積していく. 番号 1～5 は電極が接続されていて, スラリーがすでに沈積した部位とまだ沈積していない部位との間に発生する電位差を測定する. この電位差を沈降電位 E_{sed} という. E_{sed} の測定値から

$$E_{sed} = (D_o \zeta / 3\eta\kappa) r^3 (\rho - \rho_o) Ng \tag{2.46}$$

を用いることによって, ζ 電位を求めることができる. 式(2.46)において, D_o は溶媒の誘電率, r は粒子半径, κ は溶液の比電気伝導率, ρ と ρ_o は溶媒と粒子固体の密度, N は沈降管中に沈積した粒子の単位面積あたりの粒子数, g は重力の

加速度である．

　ペイントなど顔料-非水溶媒分散系は，遠心分離機で強制沈殿をさせることによって，粒子の沈降状態をつくることができる．強制沈降させたときの沈降電位 E_c と ζ 電位との関係は遠心機の角速度を ω とすると

$$E_c = \frac{D_0 \zeta}{6\pi\eta\kappa} \cdot \frac{\omega^2}{2} \cdot \frac{4}{3}\pi r^3 N (\rho - \rho_0)(r_2{}^2 - r_1{}^2) \tag{2.47}$$

である．ここで，r_1 と r_2 は遠心分離機の回転中心から沈降管中の液体の2点間の半径である．式(2.47)から ζ 電位が求められる．

　界面動電位現象から ζ 電位を求める方法を4通り示した．原理的にはどの方法でも同じであるが，分散系の状態によって測定する方法を選ぶ必要がある．

　たとえば，電気泳動法や沈降電位法は安定な固体，液体，気体の分散系に適用できる．電気浸透法と流動電位法はやや不安定な分散系や繊維状，棒状，膜状の系に適用できる．

2.5　ぬ　れ

　固体表面がいろいろな液体によってぬれるぬれないの現象は，日常身近でおこっている重要な界面現象である．衣類の洗浄における洗剤の使用，レインコートや傘の防水処理，台所用品などのテフロンコーティングは，水に対するぬれ性，物質の付着性の制御であり固液界面の現象に密接に関係している．また接着においても，接合面における互いのぬれ（wetting）やなじみが接着強度に深く関係している．その他印刷におけるインキのぬれ性，複合材料においては，充塡剤と母体となる分散媒との間のぬれ性やなじみが材料の強度や機能の発揮に重要な役割を果たしている．

　このように工学的に重要なぬれは，一般に次のように解釈される．ぬれは，固気界面が，固液界面におき換わることで，図2.28に示すような種々の現象によって次のように分類されている．

　（1）　付着ぬれ（接着ぬれ）（adhesional wetting）

$$\Delta G_a = \gamma_{SL} - (\gamma_{SG} + \gamma_{LG}) \tag{2.48}$$

　（2）　拡張ぬれ（spreading wetting）

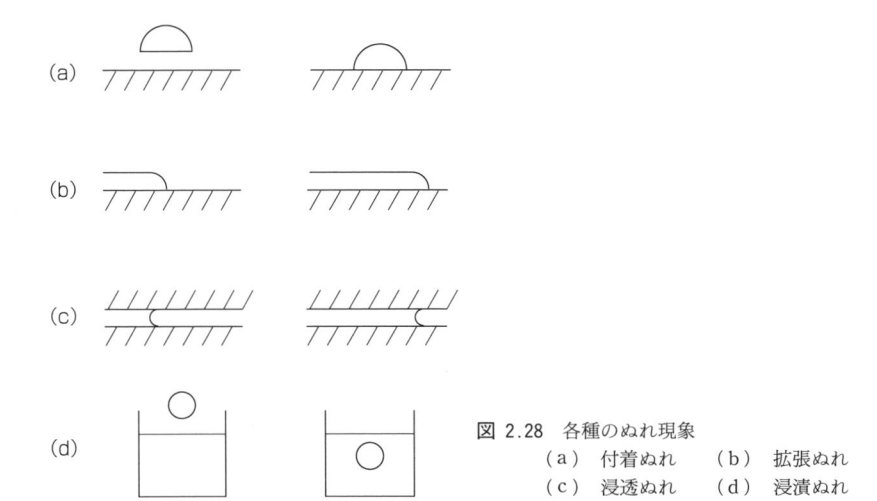

図 2.28 各種のぬれ現象
(a) 付着ぬれ　(b) 拡張ぬれ
(c) 浸透ぬれ　(d) 浸漬ぬれ

$$\Delta G_{sp} = \gamma_{SL} + \gamma_{LG} - \gamma_{SG} \tag{2.49}$$

（3）浸透ぬれ（penetrating wetting）

$$\Delta G_P = \gamma_{SL} - \gamma_{SG} \tag{2.50}$$

（4）浸漬ぬれ（immersional wetting）

$$\Delta G_I = \gamma_{SL} - \gamma_{SG} \tag{2.51}$$

ここで，ΔG は単位面積あたりの表面自由エネルギー変化を示す．また S，L，G はそれぞれ固体，液体，気体を表し，たとえば，γ_{SL} は固液界面の表面自由エネルギーを示す．

固体表面上におかれた液滴が図 2.29 に示すように固体，液体，気体が共存して平衡にあるとき，次のヤングの式が成立する．

$$\gamma_{SG} = \gamma_{SL} + \gamma_{LG}\cos\theta \tag{2.52}$$

ここで，θ は液体の固体表面に対する接触角を示す．この式を使用すると，付着ぬれや浸漬ぬれの式は次のようにかき換えられる．

$$\Delta G_a = -\gamma_{LG}(1+\cos\theta) \tag{2.53}$$

$$\Delta G_I = \Delta G_P = -\gamma_{LG}\cos\theta \tag{2.54}$$

拡張ぬれや浸透ぬれは平衡状態になっていないのでヤングの式を利用することができない．

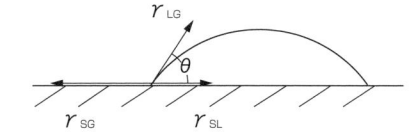

図 2.29　平衡状態にある平滑な固体表面上の液滴

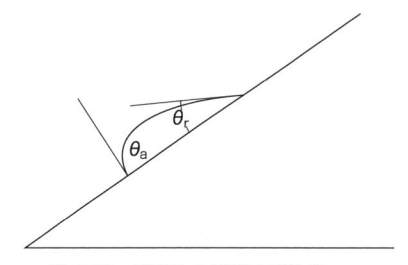

図 2.30　斜面上の液滴の接触角
θ_a：前進接触角，θ_r：後退接触角．

図 2.31　幾何学的に表面粗さのある固体表面上の液滴
θ：真の接触角，θ'：見掛けの接触角．

2.5.1　接触角の測定

　ぬれは，固体表面を液体がぬらすことであるが，図 2.30 に示すように傾斜した固体表面上を液滴がゆっくり移動していくとき，すなわちぬれが広がっていくときに生じている接触角は前進接触角（advancing contact angle）θ_a，逆に液体が後退していくときの接触角は後退接触角（receding contact angle）θ_r とよばれている．これらの接触角は，通常一致せず $\theta_a > \theta_r$ となる．

　ぬれ性評価の指標である接触角の測定方法として，液滴法，傾板法，垂直板法，毛管上昇法，そして動的測定法である浸透速度法がある．浸透速度法は，粉体層中への液体の侵入速度から接触角を求める測定法である．溶液を用いた接触角の測定では，溶質の溶解平衡や吸着平衡を確認する必要がある．たとえば溶質が液体表面や固体表面へ吸着するとき，平衡に時間を要すると，接触角に経時変化が現れ測定は不正確となる．たとえば界面活性剤などでは，吸着平衡に長時間かかる場合がある．

　実在の固体材料の表面は，平滑ではなく，組成や物性的にも均一とみなすことはできない場合が多い．そのような固体表面の実際のぬれはどのように評価されているのだろうか．

表面が成分的には均一であるが，図2.31に示すように幾何学的に不均一で，表面に粗さのある場合，見掛けの接触角 θ' と平滑表面に対する接触角，すなわち真の接触角 θ の間には次のウェンツェルの式が成立する．

$$\cos\theta' = r_f \cos\theta \tag{2.55}$$

$$r_f = \frac{実際の表面積}{見掛けの表面積} \geqq 1 \tag{2.56}$$

表面の粗さ係数 r_f が1より大で粗面の場合，θ の値によって見掛けの接触角 θ' の変化の仕方が異なる．すなわち接触角が $\theta > 90°$ のとき，$\theta < \theta'$ となり，ぬれにくい表面は粗面にするとさらにぬれにくくなる．一方，$\theta < 90°$ のときは $\theta > \theta'$ となり，ぬれる表面は粗面でさらにぬれやすくなることになる．

また，布地のような繊維と気体とからなる複合面では，繊維表面および空気が占める割合が，それぞれ Q_1, Q_2 であるとき，見掛け接触角 θ' は次式 Cassie-Baxter の式で表される．

$$\cos\theta' = Q_1 \cos\theta - Q_2 \tag{2.57}$$

$$Q_1 + Q_2 = 1 \tag{2.58}$$

$$Q_1 = \frac{1 + \cos\theta'}{1 + \cos\theta} \tag{2.59}$$

すなわち，固体と空気とから構成される複合表面は，一層ぬれにくくなることがわかる．また2成分からなる不均一表面の見掛け接触角 θ' は次式の Cassie の式で示される．

$$\cos\theta' = Q_1 \cos\theta_1 + Q_2 \cos\theta_2 \tag{2.60}$$

ここで，Q_1, Q_2 は成分1,2が表面を占める割合である．また θ_1, θ_2 は成分1,2の平滑表面に対する接触角を表す．

2.5.2 粉体のぬれ性，接触角の測定

粉体の接触角測定は，大きな粒子の場合，図2.32に示すような状態で直接顕微鏡を使用して測定することができる．しかしながら，一般の粉体では接触角を直接測定することができない．そこで次のような仮定をし，接触角は算出されている．図2.33に示すような粉体の充塡層の微細なすき間は，均一な円筒状の毛管で形成されているとみなし，その中を液体が浸透するときの速度から接触角を求め

図 2.32 大きな粒子の接触角測定

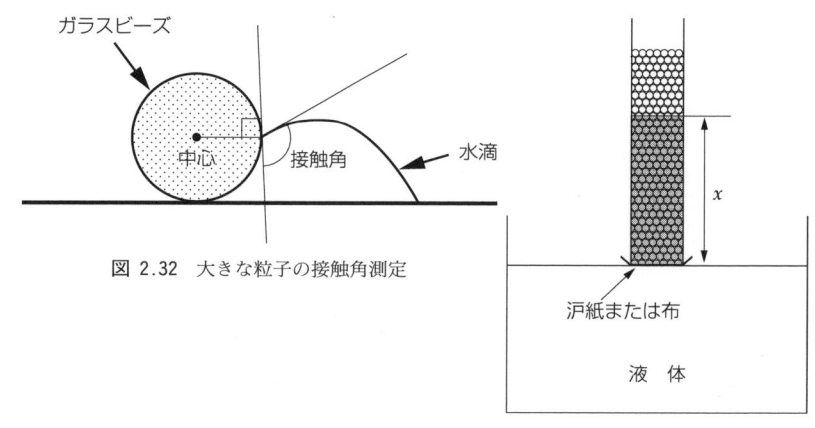

図 2.33 粉体層のぬれ速度から接触角の測定

る．いま，粉体充塡層内の円筒状毛管の半径を r とすると，次式が成立する．

$$\frac{dx}{dt} = \frac{r\gamma\cos\theta}{4\eta x} - \frac{r^2\rho g}{8\eta} \tag{2.61}$$

ここで，x は毛管上昇した高さ，t は時間，γ は液体の表面張力，η は液体の粘度，ρ は密度，g は重力加速度，θ は接触角を示す．

上式の右辺の第一項は毛管力の寄与による項で，第二項は重力の寄与による項である．第二項が無視できる場合，式(2.61)の積分で次式が求められる．

$$x^2 = \frac{r\gamma\cos\theta}{2\eta} t \tag{2.62}$$

したがって，粉体をよくぬらす接触角 $\theta=0$ である液体を用い，まず x^2 と t との直線関係から粉体充塡層内の毛管の半径 r をあらかじめ求めておく．次に，特定液体の粉体に対する x^2 と t との関係を測定することにより接触角 θ は求められる．

また種々の液体，あるいは混合溶媒中への粉体の分散嗜好性実験からも粉体のぬれ性評価が行われている．

2.5.3 表面改質

表面の改質は工学的重要性から各種の分野で行われ，材料の性能，機能の向上

表 2.10 改質の目的と方法，そして改質層の状態

改質層の状態		改質方法	改質目的
無機質	薄　膜 微粒子被覆膜	機械的コーティング，PVD，CVD，界面反応，沈殿，析出，メカノケミカル法，カプセル化，液相・固相反応法	粉体物性の改善（分散，ぬれ性，付着，など），耐薬品・光・熱・摩耗，着色・隠ぺい・色相の改善，硬度，強度，潤滑，接着，焼結，溶解，粒界機能，触媒機能，高選択反応
有機質	コーティング膜 高分子膜 吸着層 反応層	反応法（気相法，環流法，オートクレーブ法），吸着，析出，機械的コーティング，カプセル化，界面反応	粉体物性改善（分散，ぬれ性，付着，など），親油性，帯電防止，なじみ，成形性，溶解性，表面機能

に多大な貢献を果たしている．ここで述べる表面改質(surface modification)は，複合材料の充填材，ファインセラミックス原料粉体，顔料，化粧品，メモリー材料などに用いられる粉体の表面改質機能化についてであるが，ほかの固体表面についても同様に考えることができる．一般に固体表面は組成的にも，また幾何学的にも不均一であるうえに，改質基の状態分析が不十分なことから表面改質に基づく物性変化，機能発現の定量的評価が困難で，実際の表面改質は経験的に処理されている場合が多い．表面設計には改質表面のミクロ物性とマクロ物性との間の定量的評価が必要である．

a．表面改質の目的と方法

　表面改質の方法は，改質される物質の違いによって，また付与させる性質や機能の差異によっても異なる．一般に行われている方法として次のように物理的改質法と化学的改質法に分類され，また目的も表 2.10 のように種々考えられる．

　　物理的改質：機械的コーティング法，PVD（physical vapor deposition）法（真空蒸着法，スパッタ蒸着法，分子線結晶成長法），イオン注入法，イオンエッチング法，イオンプレーティング法，放射線処理法，紫外線処理法，プラズマエッチング法

　　化学的改質：CVD（chemical vapor deposition）法，液相・固相反応法，界面反応法，沈殿法，マイクロカプセル法，メカノケミカル法，放射線重合法，界面重合法

　また改質層の分類として無機質層（薄膜，微粒子被覆膜），有機質層（高分子被覆層，界面活性剤被覆層，カップリング剤・アルコール類・シラン類・アミン類

などとの反応による被覆層）に分類できる．

粉粒体の表面設計工学

目標とする粉体の機能，物性の設定
（粉体物性発現における表面の役割の明確化）
↓
目標の機能，物性を発揮する表面状態の設計
（表面の特性や特質と機能・物性を発揮する表面層の厚み）
↓
未処理粉体の表面状態の測定と評価
（物性測定および分析機器による測定と評価）
↓
表面改質法の選択と実施
（物理的，化学的改質）
↓　　↑
改質表面の測定・評価，粉体物性の測定・評価

図 2.34　表面の改質手順

b．表面改質の設計

　表面改質の設計を効果的，かつ効率的に行うためには，表面の評価や改質後の物性の正確な測定が可能であり，また目的物性を有する表面が作製できているかどうかの判定を行う必要がある．それには表面積の大きな粉体を用いるのがよい．ここでは対象を粉体にしぼって述べる．粉体の表面改質技術は，粉体に任意の物性や機能をもたせ，理想的な粉体を作製するための技術である．表面改質を効果的に，また精密に行うためには，粉体表面のミクロな改質構造が，表面のぬれ性や分散嗜好性，接触角，溶解性，焼結性などのマクロな表面物性に，どのように関係しているのかを詳細に検討する必要がある．

　親水・疎水の制御における表面改質においては導入した改質基の大きさ，量，集合状態，表面被覆状態などが分子オーダーでどのように設計されると目的の物性や特性，機能の発現が可能かを明らかにすることが重要である．粉体の水ぬれ性における表面設計の考え方および具体的な改質手順を図2.34に示す．表面改質と物性評価を繰り返すことにより最適な改質法を確立することができる．

c．表面改質による水ぬれ性制御——マクロ物性とミクロ物性

　粉体表面を親水性から疎水性に変化させるため表面改質が行われている．この

とき粉体のぬれ性や分散嗜好性，接触角，溶解性など粉体表面のマクロ物性が任意に制御できることが望ましい．改質基は一般に導入量の増加につれ集合化，そして連続化としだいに変化し改質効果を発揮する．したがってこれら改質基の量と質，そして導入状態に基づいて変化するミクロ物性と目的物性の発現状況を定量的に明らかにする必要がある．一つの具体例として，表面のマクロ物性とミクロ物性として，次のようなものがあげられる．

マクロ物性： 分散嗜好性，接触角，接着強度．
ミクロ物性： 水蒸気吸着性，毛管凝縮，浸漬熱，改質基の量や幾何学的被覆状態，改質基の大きさや形状の効果，改質基の運動状態．

2.5.4 臨界表面張力

ポリエチレン，テフロン（ポリ四フッ化エチレン）などのように水にぬれにくい高分子材料の表面は低エネルギー表面とよばれている．表面張力が異なる同族化合物の液体を用い，このような低エネルギー固体表面に対する接触角 θ を測定すると，図2.35のような結果が得られる．液体の表面張力が小さくなるに従い接触角 θ はしだいに小さな値となりぬれやすくなる．すなわち $\cos\theta$ はしだいに大きな値となり，完全にぬれた場合は1となる．これら両者の関係は図2.35に示すように一般に直線で表すことができ，この直線の外挿線と，$\cos\theta=1$ の水平線との交点における液体の表面張力 γ の値は，臨界表面張力（critical surface tension）γ_c と定義されている．またこのプロットはZismanプロットとよばれている．γ_c はそれぞれの固体物質に固有な値で，それより小さい表面張力を有する液

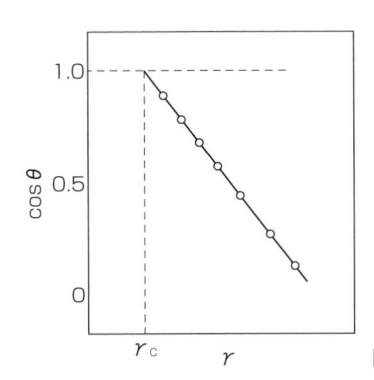

図 2.35 種々の液体を用いての接触角測定（モデル図）

表 2.11 各種物質，および種々の表面化学構造における臨界表面張力

物 質	臨界表面張力 γ_c/mN m^{-1}	表面の化学構造	臨界表面張力 γ_c/mN m^{-1}
テフロン（ポリ四フッ化エチレン）	18〜18.5	—CF$_3$	6
飽和脂肪酸単分子膜	24	—CF$_2$H	15
ポリフッ化ビニル	25	—CF$_3$および—CF$_2$—	17
n-ヘキサデカン	29	—CF$_2$—CF$_2$—	18
ポリエチレン	31	—CF$_2$—CFH—	22
ポリスチレン	33〜43	—CF$_2$—CH$_2$—	25
ポリビニルアルコール	37	—CFH—CH$_2$—	28
ポリメチルメタクリレート	39	—CH$_3$（結晶）	20〜22
ポリ塩化ビニル	39	—CH$_3$（単分子膜）	22〜24
ナイロン66	41〜46	—CH$_2$—CH$_2$—	31
ポリエチレンテレフタレート	43	—CClH—CH$_2$—	39
		—CCl$_2$—CH$_2$—	40

［桜井俊男，五井康勝編，"応用界面化学"，朝倉書店（1969），p.93］

体を用いて接触角 θ を測定すると，θ はゼロとなり表面は用いた液体で完全にぬれることになる．γ_c 値の小さい固体表面ほどぬれにくい表面ということになる．したがって，γ_c は固体表面の特性を表す重要な物性値である．各種高分子材料の γ_c を，また固体表面が各種の表面構造で形成されたときに予想される γ_c を表 2.11 に示す．テフロンがもっともぬれにくい物質であることがわかる．各種の物質がテフロンでコーティングされることによって，ぬれ性が制御され，種々の特異な機能を発揮できることが理解される．

固体表面上においた液滴が平衡状態になったとき，ヤングの式が成立する．

$$\gamma_{SV} = \gamma_{SL} + \gamma_{LV}\cos\theta \tag{2.63}$$

ここで，γ_{SV} は固体・蒸気間の表面張力，γ_{SL} は固体・液体間の界面張力，γ_{LV} は液体・蒸気間の表面張力，θ は接触角を示す．

いま，臨界表面張力が γ_c である固体表面上に表面張力が γ_c である液体を滴下すると，固体表面はその液体で完全にぬれ接触角はゼロとなるのでヤングの式は次式のようになる．

$$\gamma_{SV} = \gamma_{SL} + \gamma_c \quad \text{すなわち} \quad \gamma_c = \gamma_{SV} - \gamma_{SL} \tag{2.64}$$

したがって，臨界表面張力 γ_c は固体の表面張力より固液界面張力 γ_{SL} だけ小さいことになる．このとき，もしも固体表面と液体分子の組成や構造が似ている場合，近似的に $\gamma_{SL}=0$ とみなすことができるので，固体の表面張力 γ_{SV} は γ_c で表されることになる．

固体表面が高エネルギーの場合，表面は液体にぬれやすくなることが予想され

る．しかし，ある種の極性な液体を固体表面上に接触させたとき，液体はぬれて広がらない場合がある．これは液体分子が，固体表面に配向吸着して低エネルギー界面をつくり，その新たに形成された吸着膜の臨界表面張力 γ_c が液体そのものの表面張力 γ_{LV} より小さくなっているからである．すなわち，吸着膜の形成によって固体表面は改質され，その改質表面に対する液体のぬれ測定と考えることができる．このような液体は自己疎液性液体（autophobic liquid）とよばれ，金属，あるいは酸化物表面に対する高級アルコールのぬれ測定で認められている．またエステル類では，固体表面に接触したさいにエステルが加水分解をおこし表面に強く化学吸着し，同様な現象を引きおこしている場合もある．また液体に溶解している溶質分子の配向吸着によって同様の効果が生じることもある．以上のような配向吸着に基づく自己疎液的性質の発現は，固体表面に対する気体の吸着現象においても認められている．たとえば，アルミナに対する n-アルコールの系では，吸着質の多分子層吸着がおこらず，ラングミュア型吸着等温線（4.2節参照）となる．

2.6 微粒子

物質が微小になると，単位重量あたりの表面エネルギーは増大し，各種の物性がバルクの状態と異なってくる．以下に液体の場合と，固体の場合に分けて述べる．

2.6.1 液体微粒子

a． 液体微粒子の内部圧

球形の微小液滴が，それの蒸気圧と平衡になっている状態を考えてみる．この液滴の半径 r を dr だけ変化させると，それに応じて液滴の表面積が dS 変化する．したがって，このときの変化に必要な仕事量は，表面張力を γ とすると次式で表される．

$$\gamma dS = \gamma d(4\pi r^2) = \gamma 8\pi r dr \tag{2.65}$$

一方，微小液体の内部の圧力が外部の圧力と同じであれば，圧縮，あるいは膨張するのに仕事は必要としない．したがって，液滴は表面エネルギーを小さくす

表 2.12 球形液滴の半径と内部圧

半径	水の場合 (20°C)		水銀の場合 (20°C)	
	内部圧	気圧[*1]	内部圧	気圧[*1]
	$\times 10^3$ N m^{-2}	atm	$\times 10^3$ N m^{-2}	atm
1 000 μm	1.46×10^2	1.44×10^{-3}	9.76×10^2	9.62×10^{-3}
100	1.46×10^3	1.44×10^{-2}	9.76×10^3	9.62×10^{-2}
10	1.46×10^4	1.44×10^{-1}	9.76×10^4	9.62×10^{-1}
1	1.46×10^5	1.44	9.76×10^5	9.62
100 nm	1.46×10^6	1.44×10	9.76×10^6	9.62×10^1
10	1.46×10^7	1.44×10^2	9.76×10^7	9.62×10^2

[*1] 1気圧 (atm) = 76 cm Hg = 1013.25×10^2 Pa, 1 Pa = 1 N m^{-2}.

るために表面積を小さくしようと収縮するはずである。そのような変化がおこらないのは液滴の内部の圧力 P_i が外部の圧力 P_0 より大で収縮するのに仕事が必要なためである。液滴の半径が dr 変化するのに必要な圧力による仕事量は次のように示される。

$$(P_i - P_0)dV = (P_i - P_0)d(4\pi r^3/3) = (P_i - P_0)4\pi r^2 dr \tag{2.66}$$

この仕事量と表面積増加による仕事量は等しいはずである。したがって次式が成立する。

$$\gamma 8\pi r dr = 4\pi r^2 (P_i - P_0)dr \tag{2.67}$$

すなわち次式が導かれる。

$$(P_i - P_0) = 2\gamma/r \tag{2.68}$$

この式はヤング-ラプラス (Young-Laplace) の式とよばれている。すなわち球形液滴の内部は表面張力により加圧状態となっている。表 2.12 に球形液滴の半径と液滴内の圧力との関係を示す。液滴が球形でない場合，液面上で直角方向の曲率半径がそれぞれ r_1, r_2 である液滴の場合は次式となる。

$$P_i - P_0 = \gamma\{(1/r_1) + (1/r_2)\} \tag{2.69}$$

b. 液体微粒子の蒸気圧

微小な液滴の蒸気圧，あるいは細孔内に凝縮した液体のように曲率半径が小さい液面上の蒸気圧は，同一温度におけるバルクな液体の蒸気圧と異なっている。いま，バルクな液体から dn mol を蒸気圧 P の微小球状液滴に移す仕事量を考えてみる。液体の自由エネルギーは平衡にある蒸気の自由エネルギーと等しいので，仕事量は次式で表される。

$$\mathrm{d}nRT\ln(P/P_0) \tag{2.70}$$

ここで，P は微小液滴の温度 T における蒸気圧，P_0 はバルクな液体の温度 T における蒸気圧を示す．

$\mathrm{d}n$ mol の液体の移動で球形液滴の体積は増加し，液滴半径は r から $r+\mathrm{d}r$ に増加する．また体積増加に基づき液滴の表面積も増加し，したがって表面自由エネルギーも増大する．それらは次式で示される．

$$\mathrm{d}nV_\mathrm{m} = \mathrm{d}V = 4\pi r^2 \mathrm{d}r \tag{2.71}$$

$$\gamma \mathrm{d}S = \gamma 8\pi r \mathrm{d}r \tag{2.72}$$

ここで，V_m はモル分子容を示す．

したがって，$\mathrm{d}n$ mol の液体の移動に要した仕事量は，液滴の表面積増大による表面自由エネルギーの増大量となるので次式が成立する．

$$\mathrm{d}nRT\ln(P/P_0) = \gamma 8\pi r \mathrm{d}r \tag{2.73}$$

また式(2.73)より $\mathrm{d}n/\mathrm{d}r = 4\pi r^2/V_\mathrm{m}$ であるので，式(2.73)は次のようになる．

$$\ln(P/P_0) = \frac{2\gamma V_\mathrm{m}}{rRT} \tag{2.74}$$

半径 r_1 と r_2 の二つの球形液滴の蒸気圧をそれぞれ P_1，P_2 とすると，次のような関係式が導かれる．

$$\ln(P_1/P_2) = \frac{2\gamma V_\mathrm{m}}{RT} \cdot \left(\frac{1}{r_1} - \frac{1}{r_2}\right) \tag{2.75}$$

したがって，$r_1 < r_2$ のとき，$P_1 > P_2$ となり，小さい液滴の蒸気圧は，大きい液滴の蒸気圧よりも高い値となる．すなわち微小液滴は大きい液滴に蒸発凝縮し，消失していくことになる．また液面の形状が凹型で曲率半径が負になると，球状液滴の場合と異なり，式(2.74)から明らかなように，$P < P_0$ となる．すなわち，液面が凹型の表面上の蒸気圧はバルクな液体の蒸気圧より小さい．したがってミクロな空間には飽和蒸気圧よりも小さい蒸気圧で，液体の蒸気は毛管凝縮（capillary condensation）をおこすことになる．湿度の高いとき親水性粉体の付着・凝集性が増大するのは，このような毛管凝縮現象が粒子間に発生したからである（2.3節参照）．種々の曲率半径をもった液面と平衡状態にある蒸気圧の関係は表2.13に示した．

表 2.13　25°Cにおける水の湾曲面（凹凸）の半径と湾曲面液体の蒸気圧（25°Cにおける水の飽和蒸気圧, $P_0=23.76$ mmHg）

凸型			凹型		
r/cm	r/nm	P/P_0	r/cm	r/nm	P/P_0
10^{-4}	10^3	1.001	10^{-4}	10^3	0.9989
10^{-5}	10^2	1.011	10^{-5}	10^2	0.9895
10^{-6}	10	1.111	10^{-6}	10	0.9000
5×10^{-7}	5	1.234	5×10^{-7}	5	0.8100
3×10^{-7}	3	1.421	3×10^{-7}	3	0.7038
2×10^{-7}	2	1.694	2×10^{-7}	2	0.5905
10^{-7}	1	2.88	10^{-7}	1	0.3487

2.6.2　固体微粒子

　粉体は，あらゆる材料の作製において，原料あるいは中間製品として利用されており，また最終製品である材料の物性は原料粉体の物性に密接に関係している．したがって，今後の科学技術の進展において粉体の果たす役割は極めて大きいと考えられる．また粉体は分散状態，粘結状態，圧密状態あるいは焼結状態で利用されており，その意味で粉体をいかに取扱い処理するか，すなわち粉体工学の重要性は一層高まるものといえよう．

　最近の材料は，軽薄短小，集密化，積層化と質的に変化している．材料寸法が微細化すれば，材料特性の信頼性を得るために，それに応じた原料粉体の微細化が必要である．たとえば，ファインセラミックスの厚さや幅のサイズは年々微細化し，数十μmの大きさとなってきているし，マイクロエレクトロニクスではμmオーダーから数nmの大きさの表面，界面，粒界異物質接合面が有効な性能や機能を発揮している．したがって，これらの高信頼性，高品位製品を作製するために，高い精度での組成制御，微構造制御，粒界の構造制御が不可欠である．そのために粉体の一層の微粒化と精密な粉体処理が求められている．

　粉体の粒子径が小さくなると，単位重量あたりの表面積（比表面積）は増大し，粉体の各種物性は変化する．日常，身近に存在する粉体や各種の原料粉体を大きさによって分類すると図2.36のように示される．また，各種の粉体に関する現象，物性変化もあわせて示す．微粒化によって表面の性質が粉体物性に大きく寄与し

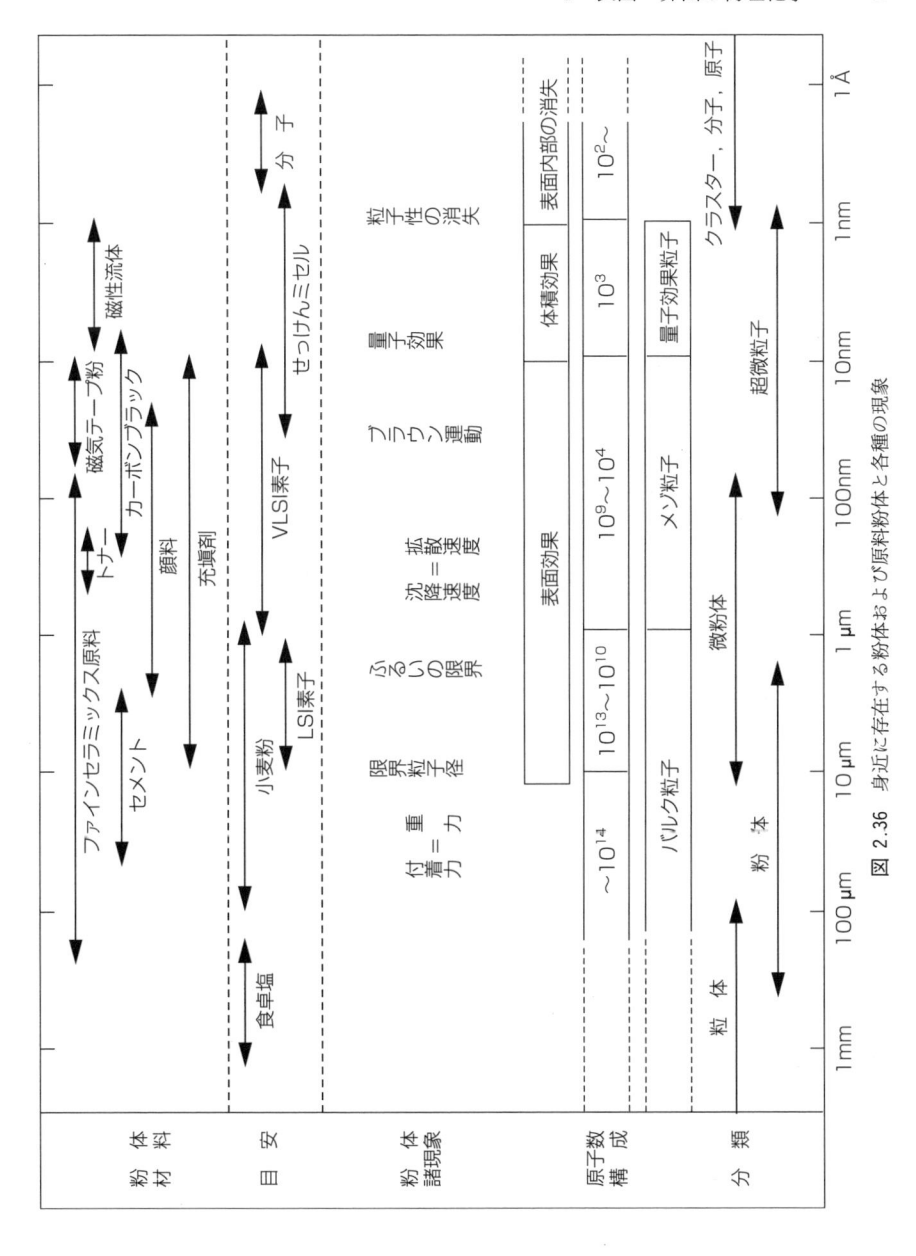

図 2.36 身近に存在する粉体および原料粉体と各種の現象

表 2.14 粉体（コロイド粒子）の各種作製法

分散法	機械的粉砕（粗砕機，中砕機，粉砕機）
	ジェット粉砕法
	融体噴霧法
	化学的分散（解膠法）
成長法	気相法　蒸発・凝縮法
	化学反応法
	液相法　沈殿法（還元，加水分解，複文解）：均一沈殿法，共沈法，直接沈殿法．
	溶媒蒸発法：凍結乾燥法，噴霧乾燥法，噴霧熱分解法．
	固相法　熱分解法
	固相反応法

ていることが理解される．また広い意味での粉体は，大きさにおいて 10^7 も違いがあり，重量での差は 10^{21} に達することになる．したがって粉体が関与する現象において粒度が非常に重要である．ここでは微粒子の製造法，また微粒化したときの物性変化，そしてそれの応用に焦点をあてて述べる．

a．微粒子の作製

　微粒子の作製方法を大きく分類すると，固体物質を粉砕して細分化する方法と，原子やイオン，分子を集合成長させる方法の二つに分けられる．また別の分け方として，乾式法と湿式法に分類できる．乾式法は，微粒子成分の蒸気を発生させ，その蒸気の凝縮によって微粒子を析出させる方法で，PVD(physical vapor deposition) 法とよばれる．また蒸気の化学反応によって析出させる方法は，CVD (chemical vapor deposition) 法とよばれている．微粒子作製法の一例を表 2.14 に示す（成長法については，5.1.2 項参照）．

b．微粒子の物理化学

　（ⅰ）表面エネルギー，化学的活性の増大　　粉体微粒子が原子，イオン，分子の集合体であるとき，その粒子の大きさが小さくなると，単位重量あたりの比表面積，あるいは結合の不飽和な表面の原子，イオン，分子の数は増大する．したがって各種の粉体物性は粒子径の減少につれ変化するはずである．いま，簡単のため 1 種類の原子によって構成された体心立方格子の物質を考える．粉体粒子の一辺の長さが小さくなると，微粒子を構成している全原子に対する頂点，稜，表面に存在する原子の割合は図 2.37 のように変化する．粉体が微粒化すると結合的に不飽和な原子の割合や結合切断数の割合が急増することがわかる．結晶の表

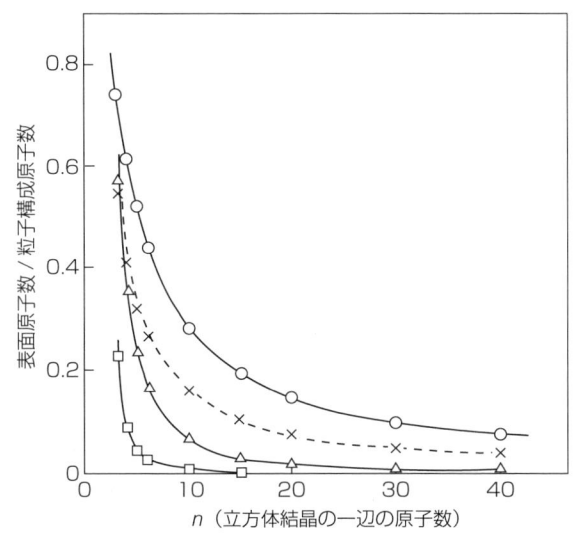

図 2.37 体心立方結晶の表面原子 (稜, 頂点も含) の割合
○：表面原子(稜,頂点を含む)/粒子構成原子数.
△：稜の原子数/粒子構成原子数.
□：頂点の原子数/粒子構成原子数.
×：結合の切断数/結合可能な総数.

面自由エネルギーは，種々の結晶面において，単位面積に存在する原子やイオン，分子の数と，それら一つあたりの結合の不飽和の数，そして結合一つあたりの結合エネルギーの3点に密接に関係する．微粒子が食塩の場合，表面エネルギー(surface energy)が粒子径によって変化するようすを表 2.15 に示す．粒径が 10 nm のとき，表面エネルギーの大きさは，融解熱の約 4.1% 程度の大きさとなっている．粒子サイズが焼結温度や融解温度の低下に与える影響を表 2.16 に示す．

　粉体粒子が微粒化すると，結合的に不飽和で化学的に活性な頂点や稜，そして表面の原子やイオンの数は増大し触媒としての機能を発揮する．またイオン結晶において，頂点の陽イオンは，稜や平滑な表面に存在する陽イオンより電子受容性は大きい．一方，陰イオンの場合，頂点の陰イオンの電子供与性は，ほかの場所に存在している陰イオンより大である．したがって，頂点に存在するイオンの酸・塩基性は稜や平滑な表面上に存在しているイオンより大であり，触媒活性が大きいことが期待される．これらの例を表 2.17 に示す．触媒活性に，頂点や稜の

表 2.15 NaCl粒子の大きさと表面エネルギー,稜エネルギーの変化
(1 g NaCl, E_s=300 erg cm^{-2}, k=2.8〜3.0×10^{-6} erg cm^{-1})

稜の長さ cm	1 g中の粒子の数 n	全面積 cm^2	全稜長 cm	表面エネルギー erg g^{-1}	稜エネルギー erg cm^{-1}
0.77	1	3.6	9.3	1 080	2.8×10^{-6}
0.1	460	28	550	8.4×10^3	1.7×10^{-3}
0.01	4.6×10^5	280	5.5×10^4	8.4×10^4	0.17
0.001	4.6×10^8	2.8×10^3	5.5×10^6	8.4×10^5	17
10^{-4} (1 μm)	4.6×10^{11}	2.8×10^4	5.5×10^8	8.4×10^6 (0.2 cal)	1.7×10^3
10^{-6} (100Å)	4.6×10^{17}	2.8×10^6	5.5×10^{12}	8.4×10^8 (20 cal)	1.7×10^7 (0.4 cal)

[A. W. Adamson, "Physical Chemistry of Surfaces, 3rd ed.", John Wiley (1976), p.262]

表 2.16 焼結,融点に及ぼす粒子サイズの影響

物質	粒子サイズ nm	焼結開始温度 °C	物質	粒子サイズ nm	粒径推定値 mm	融点 °C
Fe	50	300〜400	Au	3		627
Fe	〜μm	500〜600	Au	バルク		1 027
Ag	20	60〜80	In	4		97
Ni	20	200	In	バルク		157
Ni	バルク	>700	Al$_2$O$_3$	20		2 027*3
W	22	>1 100	Al$_2$O$_3$	バルク		2 050
W	バルク	>2 000	Pb	50	40.0	593
Ca$_{10}$(PO$_4$)$_6$(OH)$_2$	15×100	500 (減圧下)	Pb	5	7.2	559
BeO*1	53〜67	〜850	Pb	バルク		600
BeO*2	43〜67	〜1 000	Sn	5	8.6	475
			Sn	バルク		505
			Bi	5	7.8	521
			Bi	バルク		544

*1 BeO粉体を硫酸塩から作製.
*2 水酸化合物から作製.原料母塩の影響がでている.
*3 計算値

存在が密接に関係している例を図2.38に示す.

(ii) 結晶の形,溶解度,蒸気圧 結晶の形は物質により,また作製条件によってさまざまな形状を示す.結晶が平衡状態にあるとき,その形状は,ウルフの定理に従った形となる.すなわち結晶内のある点からそれぞれの結晶面に対す

表 2.17 マーデルングポテンシャルから計算した MgO 各種結晶面の表面準位間のバンドギャップおよび表面イオンの電荷と結合の性格

結晶面	配位数	$E_{bg}=7.8\,eV$	
		$Z=1$	$Z=2$
100	5	7.4 eV	7.2 eV
110	4	6.4	5.6
210	4	5.5	4.2
211	3	3.7	1.6
原子の位置	内 部	表 面	角
電荷	1.67	1.54	1.08
結合の性格	イオン結合性	⇒	共有結合性

Z：価数, E_{bg}：バルクのバンドギャップ．
[伊藤朋恭, 表面科学, 8(6), 18 (1987)；M. Tsukada, H. Adachi, C. Satoko, *Prog. Surf. Sci.*, 14, 152 (1983) より]

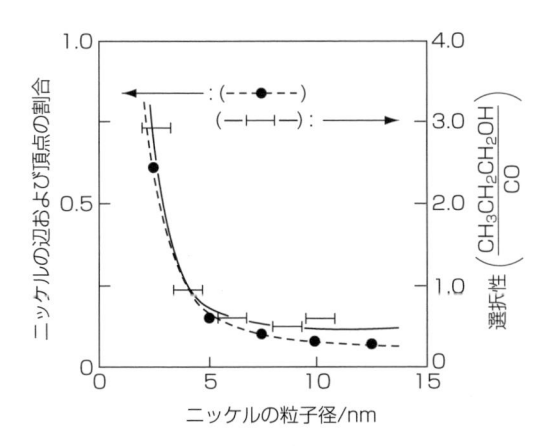

図 2.38 水素化反応の選択性
[A. Ueno, H. Suzuki and Y. Kotera, *J. Chem. Soc., Faraday Trans. I*, 79, 127 (1983)]

る垂直な線分を r_i としたとき，次式が成立する．ここで r_i は i 結晶面に対する内接球の半径である．

$$\gamma_1/r_1=\gamma_2/r_2=\gamma_3/r_3=\cdots\cdots=\gamma_i/r_i=一定 \qquad (2.76)$$

また粉体が微粒化すると溶解度は増加する．微結晶の溶解の式は次式で示される．

$$RT\ln(S/S_0)=2\,\gamma_{SL}V/r \qquad (2.77)$$

ここで，γ_{SL} は液体と結晶面の界面エネルギー，S は内接球の半径が r である結晶

面の溶解度を示す．

　大きさの小さい結晶粒の溶解度が大になることがわかる．したがって，溶液中の結晶粒は放置するとしだいに粗粒化することになる．

　また固体の全表面自由エネルギーが最小となっている平衡状態の固体微粒子の蒸気圧は，微小液滴の蒸気圧を求めるケルビンの式を適用して求めることができる．半径 r の球状固体粒子の蒸気圧 P は次式で求められる．

$$RT\ln(P/P_0) = 2\gamma V/r \qquad (2.78)$$

ここで P_0 は平滑な表面上の蒸気圧，P は半径 r の蒸気圧，γ は表面自由エネルギー，V はモル容積を示す．

c．微粒子集合体としての粉体物性

　粉体の性質として個々の粒子の性質の加成性が成り立つとき，その物性は粉体の一次物性とよばれ，たとえば，粉体の比熱，溶解熱などがこれに相当する．一方，粒子集合体としてはじめて生じる粉体の物性は，粉体の二次物性とよばれ，流動性，安息角，充塡性などが該当する．また粉体状態を左右する重要な因子として，粒度，粒子間付着力，粉体粒子の表面物性，充塡構造をあげることができ

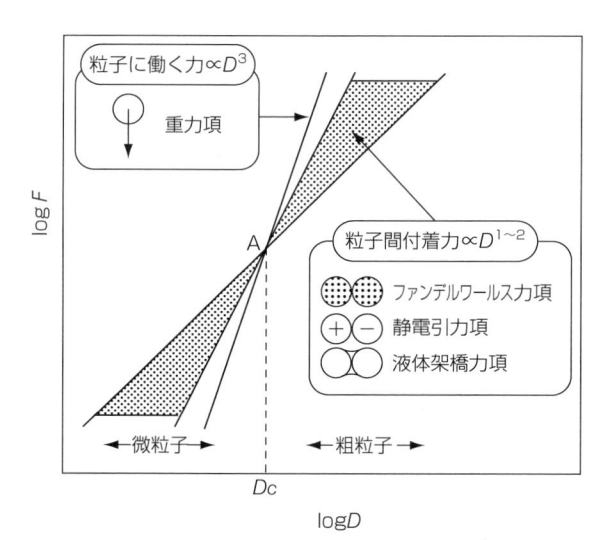

図 2.39　粒子に働く力と粒子間付着力に与える粒子径 D の影響
　　　　Dc：限界粒子径．

る．これらは互いに関連しあい，粉体状態を規定している．たとえば，粒度と付着力との間の関係は図 2.39 に示すように密接に関係している．同一の直径 D である球形粒子間に生じるファンデルワールス力 F_V，液体架橋力 F_L による付着力は粒子径にほぼ比例して増大する．一方静電気的な相互作用力 F_E は，単位面積あたりの帯電量 σ が同じであれば，粒子径の 2 乗に比例する．これらの付着力の大きさは，次式で示される．

$$F_V = AD/24\,a^2 \tag{2.79}$$

$$F_L = \pi D \gamma / \{1 + \tan(\alpha/2)\} \tag{2.80}$$

$$F_E = \pi D^2 \sigma^2 / 4\,\varepsilon_0 \tag{2.81}$$

ここで，A はハマカー定数で物質に固有な値，a は粒子間距離，接しているとき $a=0.4$ nm，γ は液体架橋を形成している液体の表面張力，α は球形粒子の中心を結ぶ直線と，液体架橋のメニスカスと球形粒子表面の接点と球形粒子の中心を結んだ直線のなす角度（図 2.19 参照），ε_0 は誘電率を示す．

また同時に粉体粒子にかかる重力の大きさを図 2.39 中に示す．交点は，限界粒子径（Dc）とよばれ，付着力と自重の大きさが同じになる粒子径である．この限界粒子径より粒子径が小さくなると付着力が自重より大きくなり，粉体物性は付着力支配となる．すなわち粉体は付着凝集し，流動性が悪くなる．逆に粒子径が限界粒子径より大であると粉体物性は重力支配となり，粉体の付着性は無視でき流動性がよいことになる．このように粉体物性を左右し，工学的に重要な限界粒子径の大きさは，物質により，また表面の組成や形状，湿度や温度などの環境の違いによって異なるが，数十 μm から数百 μm の間の大きさである．

粉体を微粒化すると各種の粉体物性が変化する．したがって粉体に機能を付与することが可能となる．また微粒化に伴い各種物性は表面支配となると同時に粉体の取扱いや処理は微粒になるほど困難となる．その変化の模式図を図 2.40 に示す．ここに表面改質による物性の制御や機能化が必要となる．

d． 微粒子の応用

粉体粒子の微粒化で各種の粒子特性が変化した．これらの性質変化はいろいろな分野で工業的に利用され材料の性能，機能の向上が図られている．表 2.18 に粉体の微粒化で向上した性質，機能，また微粉体を原料とした各種の利用例を示す．

粉体微粒子は表面活性であるために汚染されやすい．微粉体を原料とするファ

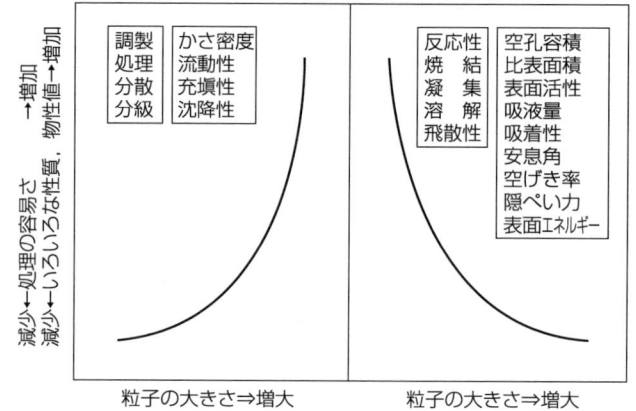

図 2.40 粉体の各種性質と粒子の大きさとの関係の概念図

表 2.18 粉体の微粒化で向上した性質，機能および微粉体の利用例

性質，機能	利用例
焼結性の向上	構造材料，機能材料，電子材料などのファインセラミックス
高密度・高強度・均一焼結体	構造材料，機能材料，電子材料（密度や強度は粒子径の大きさや分布に依存．焼結による粒成長は原料粉体粒子の数倍から数十倍の大きさになる）
多孔質体	触媒，触媒担体，吸着剤，イオン交換材，センサー，フィルター
粒度が小	メモリー密度の向上（微粒子，アスペクト比大），顔料（適切な粒子径，可視光の1/2波長），研磨材，充填材
構造材料	Al_2O_3, ZrO_2, Si_3N_4, SiC
機能材料・電子材料	メモリー材料，触媒・吸着・イオン交換材，Ag, Au, Cu, カーボンブラック
電気絶縁性	$Al(OH)_3$, SiO_2, 粘土
蛍光体	蛍光ランプの場合，最適蛍光膜厚は平均粒径にほぼ比例する．一方発光効率は大粒子の方がよい．これらの点から約 3 μm が最大効率となる．ブラウン管の場合，5～7 μm とされている．
顔料	TiO_2, ZnO, Fe_2O_3, カーボンブラック
充填材	カーボンウィスカー，SiO_2, Ni, ガラス繊維
磁性粉	γ-Fe_2O_3, Fe_3O_4, バリウムフェライト，CrO_2, Fe, Co, Ni
断熱・耐熱材	SiO_2, Al_2O_3, 粘土
難燃性	$Al(OH)_3$, $CaCO_3$
研磨材	Al_2O_3, SiC, ダイヤモンド
潤滑材	グラファイト，BN

表 2.19 微粉体機能および表面機能と機能を発揮する表面・界面特性

微粉体機能と表面機能	各種材料の具体例	機能を発揮する表面・界面特性
化学的機能	触媒，吸着剤，イオン交換剤	組成，酸・塩基性，酸化・還元性，反応性，電子状態，結晶構造と結晶面，官能基，ステップ，欠陥，転位，細孔の形状と構造，比表面積
電子的機能	電子材料，センサー材料	組成，結晶構造，欠陥，粒界，転位，電子状態，細孔の形状と構造，分散性（なじみ，親水・疎水性，酸・塩基性），反応性
磁気的機能	磁性材料	分散性（なじみ，親水・疎水性，酸・塩基性），粒子形状，粒度
熱的機能	断熱材，熱交換材，高温材料	組成，焼結性，細孔の質（細孔量，細孔径，分布，連続構造）
形態的機能	触媒担体，断熱材，研磨剤，磁性材料，フィルター材，潤滑剤	細孔の質（細孔量，細孔径，分布，連続構造），比表面積，分散性（なじみ，親水・疎水性，酸・塩基性），粒子形状，粒度，表面形態
光学的機能	光学材料，顔料	組成，結晶・非晶，欠陥，電子状態，粒度，粒子形状，表面形態
力学的機能	構造材料，研磨剤	組成，結晶・非晶，欠陥，転位，粒界
生化学的機能	生体材料	組成，適合性，反応性，溶解性なじみ，肌触り
複合的機能	複合材料	分散性，なじみ，親媒性，官能基，反応性，酸・塩基性

表 2.20 各種表面特性測定法

装置・方法	測定可能な主な表面特性
電子顕微鏡（AES）	表面構造や形状，結晶構造，ステップ，欠陥，転位，粒界，表面積，粒子形状
オージェ電子分光（TEM） X線電子分光（XPS, ESCA）	表面組成，表面原子の電子状態
原子間力顕微鏡（AFM） 走査トンネル顕微鏡（STM）	三次元原子オーダーでの表面凹凸，摩擦力，静電気力，凝集・付着力，磁気力，堅さ，表面の原子配列
赤外線分光光度計（IR） 紫外線分光光度計（UV）	表面官能基，吸着種，反応性，結合状態
吸着・脱着法	比表面積，細孔の容積や分布，触媒活性，酸・塩基性，親水・疎水性
水銀ポロシメーター	細孔の容積や分布
浸漬熱測定法	親媒性，分散性，表面積，表面の電場強度
ぬれ測定（接触角，分散嗜好性）	親媒性，分散性
指示薬法	酸・塩基の量と強度分布
電子プローブ微小部分析法（EPMA）	深さをもった表面層の組成分析

インセラミックスの作製においては，汚染の影響は高性能，高機能な製品のものほど大きい．したがって，表面制御，改質は，微粒子になるほど重要である．

e. **微粉体の表面機能と表面特性**

微粉体は単位重量あたりの表面積が非常に大きくその物性は表面支配となる．したがって微粉体特有の物性が各種の分野で幅広く利用されている．また微粉体を原料として作製された材料の物性や機能は微粉体の物性に大きく影響されている．ここでは微粉体あるいは粉体を原料として作製された各種材料の特性，諸機能のうち，表面が関与しているものを表面特性，表面機能とよぶことにする．たとえば触媒機能や電気的機能は，表面の化学的組成や反応性，電子状態，欠陥，微量成分の分布などの表面特性に左右される．表2.19に微粉体および各種材料の表面機能を，またそれと密接に関係する表面・界面特性を示す．表2.20には表面機能を発揮する表面・界面の特性評価の各種方法を示す（1.2.5項参照）．

微粉体の各種表面機能の制御や設計は，材料表面の特性制御でもあり，また設計である．これらが効率的かつ効果的に行われるには，微粉体の表面特性の正確な評価，そしてこれらに密接に関係している材料の機能と特性との間の定量的評価が必要である．

f. **超微粒子**

微粉体粒子がさらに小さくなると超微粒子とよばれる．粉体物性，あるいは粒子物性がある特定の粒子径から急激に変化した場合，その粒子径以下の微粒子を超微粒子とよんでいる．また光学顕微鏡ではみえないが，電子顕微鏡ではじめてみえるような微粒子を超微粒子という人もいる．したがって超微粒子の定義は，厳密なものではなく，分野や着目する物性によって，あるいは分析機器や物性測定機器の進歩や精度の向上とともに異なるであろう．

金属の超微粒子では，表面が活性すぎるので，徐酸化して安定化させる必要がある．しかし金属原子が何個以上集合すると金属的性質を有するようになるのかは興味ある問題である．たとえば水銀の原子，クラスター，バルクでの電子状態を図2.41に示す．Hg_2はファンデルワールス分子であるが，原子数が13以下の小さいクラスターでは，sp混成はほとんどないファンデルワールス分子，原子数が30〜70程度の大きなクラスターになるとΔEは小さくなりsp混成が生じ共有性の結合になることが推定される．また原子が100個以上集合すると金属的性質に

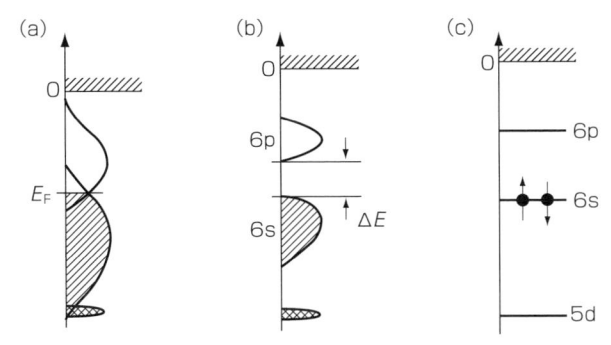

図 2.41 Hg$_n$の電子状態
（a）バルク固体　（b）クラスター　（c）孤立原子
ΔE は sp 準位のエネルギーギャップ，E_F はフェルミ準位.
[H. Haberl, H. Haberland, H. Kronmeier, H. Langosch, M. Oschwald, G. Tanner, *J. Chem, Soc., Faraday Trans.*, 86, 2473(1990)]

表 2.21　超微粒子の期待される応用

機能および材料特性	内　容
電気的機能	導電材料，電子回路素子，抵抗材料，強誘電体，センサー，マイクロウェーブデバイス，電極材料，導電塗料，超伝導遷移温度の上昇
磁気的機能	メモリー材料（テープ，ディスク）特性の向上，磁性粉体，永久磁石
光学的機能	感光剤，蛍光剤，光伝導体，光フィルター，光吸収体
力学的機能	切削・研磨剤，構造材，高硬度材料
熱的機能	熱交換性の向上(熱交換器)，易焼結性，融点の降下，冶金，高温材料，耐熱材料，断熱材料
形態的機能	フィルター，触媒，磁性粉体，センサー材料，電極材料 熱交換器，断熱材
化学的機能	触媒活性，吸着剤，イオン交換材，固体・液体燃料，溶解性
生体材料	人工骨，人工歯，薬剤担体，細胞内部染色（Au）
複合材料	充填材（強度向上，帯電防止，断熱，防炎），その他

なることが指摘されている．

　超微粒子の電子的状態について述べたが，その他光学的性質，熱的性質にも影響を与えている．たとえば超微粒子の融点は大きく降下する．これは次のように解釈される．結晶内の原子間距離は，温度の上昇につれ格子振動が激しくなるので増大しており，これは熱膨張として観察される．一般に格子間距離の約10%程度原子が変位するようになると結晶構造は破壊され液体状態となる．低速電子線回折（LEED）によると，バルクな固体表面近傍の原子の振幅は，内部の原子と比べ

て50%程度大きくなっていることが指摘されている．またX線回折強度の温度変化，デバイワーラー因子の検討から超微粒子中で振動する原子の振幅の2乗平均が調べられ，銀についての室温での実験によると，原子の振幅はバルクの場合はほぼ0.01 nmであるのに対し，半径がほぼ3 nmの超微粒子では，0.02～0.025 nmとなっている．すなわち表面の原子は，結合が切断されエネルギー的に高い状態となっており，結晶内部の原子に比べ比較的自由に動くことが可能なソフトな状態にある．これらの点は半径2 nmの銀の超微粒子が，60～80°Cで焼結が開始することと照応している．表2.21に超微粒子として期待される各種の応用例を示す．

演習問題

2.1 水の温度が30°Cのときの表面エントロピー変化と表面定積熱容量C_V^sを求めなさい．ただし，表面張力γは温度t°Cで，$\gamma = 76.24 - 0.138\,t - 3.12\times10^{-4}\,t^2$とする．

2.2 20°Cにおけるヘキサンとオクタンの比重d_4^{20}がそれぞれ0.65937と0.70252のとき表2.1のU^sの値を用いて，CH_2 1 molあたりの表面エネルギーを求めなさい．ただし，液体のモル面積は立方体を仮定して求めよ．

2.3 界面活性剤ドデシル硫酸ナトリウムSDSと同じぐらいの濃度のNaClが共存している水溶液の気液界面における各イオン種のギブズ吸着量を求める式を導きなさい．

2.4 等電点とゼロ電荷点との相違を説明しなさい．

2.5 ガソリンスタンドでタンクローリー車からガソリンを地下のタンクに移すときに必ずホースをアースしなければならない．その理由を述べなさい．

2.6 半径1 μmの円筒型細孔に近似される空隙をもつガラスフィルターがある．いまこれらの細孔に水が接触角ゼロで充填されているとする．この細孔から水を追い出すために必要な圧力を計算せよ．水の表面張力は72.8 mN m^{-1}とする．

2.7 粉体が微粒化していくと，流動性や安息角，かさ密度が変化する．その変化傾向の概略を説明せよ．また表面が親水性である粉体の場合，湿度と安息角や流動性，かさ密度との関係の概略を説明せよ．

2.8 粉体が微粒化すると比表面積は増大し，付着・凝集性も増加する．いま，密度ρ，1辺の長さがDである均一な立方体の粒子からなる粉体の比表面積Sが$S = 6/\rho D$で表されることを示せ．また直径がDである均一な球状粒子からなる粉体の比表面積を求める式を導きなさい．

3 液体表面上の薄膜

- 分子膜の種類や状態と分子構造の関係を把握する．
- LB 膜やベシクルの作製・構造を理解し，組織分子膜の機能や応用について把握する．

3.1 油の広がり

油は水には溶けないが雨上がりの水たまりに油が虹色に広がっている現象をよくみかける．しかし，水面に流動パラフィンを滴下しても広がらない．ではこのような違いはどのように説明されるのであろうか．

3.1.1 凝集仕事と付着仕事

純粋な液体 A の表面は同じ液体 A の表面に触れると合一をして表面がなくなる．また，液体 A の表面を互いに溶解しない液体 B や固体と接触させると液体 A の表面は新しい界面に変化する．このように表面が変わると表面のエネルギーはどのように変化するのであろうか．この問題はデュプレによって詳細に調べられた．温度，圧力が一定で，図 3.1 (a) に示すような液体 A の飽和蒸気相中で断面積が 1 cm² の液体 A の液柱を考えてみよう．液柱の点線の位置 d で液柱を切り離すと 2 cm² の気/液の表面が新しくできる．新しく表面をつくるのに必要な仕事 W_c は，液体 A の表面張力を γ_a/erg cm^{-2} とすると，

$$W_c = 2\gamma_a \tag{3.1}$$

で与えられる．この仕事の自由エネルギーは凝集仕事（work of cohesion）とよばれる．式(3.1)において，W_c の符号は熱力学の約束で外界から系にされる仕事を正とする．温度一定で，"凝集"によって表面が消失する過程は熱が発生するので，W_c の符号が負となってしまう．そこで，凝集仕事の符号を正とするために図

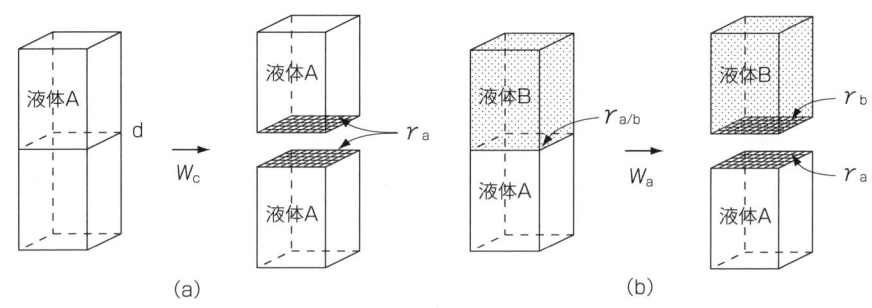

図 3.1 凝集仕事（a）と付着仕事（b）

表 3.1 液体の凝集仕事と付着仕事（20°C）

空気・液体界面	W_c/erg cm^{-2}	液体・液体界面	W_a/erg cm^{-2}
ヘキサデカン	54.9	ヘキサデカン-水	47.1
ドデカン	50.7	ドデカン-水	45.9
オクタン	43.2	オクタン-水	43.3
1-オクタノール	55.0	1-オクタノール-水	92.4
ヘプタン酸	56.4	ヘプタン酸-水	94.5
ヘプタン	40.3	ヘプタン-水	42.3
ヘキサン	36.8	ヘキサン-水	41.0
シクロヘキサン	50.5	シクロヘキサン-水	48.0
シクロヘキサノール	66.8	シクロヘキサノール-水	102.9

3.1(a) のように，凝集とは逆の新しく表面をつくる過程で表される．

次に，液体 A が互いにまざりあわない液体 B または固体に接している図(b)の状態を考えてみる．界面 d で切り離して，新しく液体 A の表面と液体（または固体）B の表面をつくるのに必要な仕事の自由エネルギー W_a は

$$W_a = \gamma_a + \gamma_b - \gamma_{a/b} \tag{3.2}$$

となる．ここで，液体 B の表面張力を γ_b，液体 A と液体 B の界面張力を $\gamma_{a/b}$ である．この仕事に必要な自由エネルギーを付着仕事（work of adheasion）という．付着仕事は接着やぬれなどの多くの界面で重要なパラメーターとなる．W_a の値が小さいほど付着した状態の方が分離した状態よりエネルギー的に安定である．

表 3.1 におもな液体の凝集エネルギーと液体と水との付着エネルギーが示してある．非極性の液体では W_c と W_a がほとんど変わらないが，極性の大きな液体で

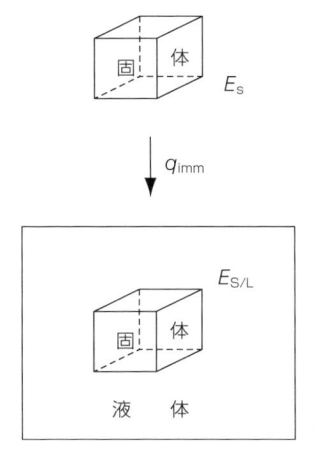

図 3.2 湿潤熱の発生

は W_c と W_a の値が大きく異なる．その理由は非極性液体は表面の状態と水と接した界面の状態では分子配向がほとんど変化しない．しかし，極性液体が水に接した場合，その分子は，空気に接している面と異なり，水に接している面で極性基を水に配向した状態になるためである．多くの液体の表面張力や界面張力がすでに測定されているので，W_c と W_a の値は容易に求めることができる．

　液体を気相中で微粒子（エーロゾル）にしたり，油相中で液体を分散させたりするときの凝集エネルギーは，新しい界面が形成されるのに必要な単位面積あたりの分散エネルギと符号は異なるが，本質的には同一である．また，付着エネルギーは気相中の固体（または液体 B）を液体 A の中に完全に浸漬させ，図 3.2 のように気/固（または気/液）表面を固/液（または液/液）界面にすることによって生じる単位面積あたりの湿潤熱（heat of immersion）またはぬれ熱 q_{imm}（heat of wetting）とは式 (3.3) のような関係になる．固体の気固表面エネルギーを E_s，液体の気液表面エネルギーを E_L，固液界面エネルギーを $E_{S/L}$ とすると

$$q_{imm} = E_S - E_{S/L} \tag{3.3}$$

となる．そこで，固/液面をつくるのに必要な自由エネルギーを W_a とすると，温度 T で固体の固/気界面を固液界面に変えることによって生ずる熱 $E_{S(S/L)}$ は熱力学より，

$$E_{S(S/L)} = W_a - T(\partial W_a/\partial T)_p = E_S + E_L - E_{S/L} = q_{imm} + E_L \tag{3.4}$$

となる．界面が固/気から固/液に変わることによって発生する熱は湿潤熱として

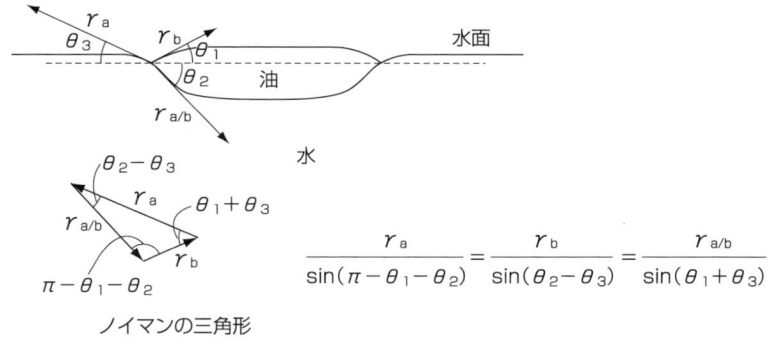

図3.3 水面上の油滴とノイマンの三角形の関係

直接熱測定によって調べることができる．詳しくは6.1.4項で述べる．

3.1.2 油の広がり係数

　水と油のように互いに溶けあわない2種類の液体がその種類によって一方の液体の上に他方の液体が広がって，薄い油の液膜になる場合と，図3.3のように広がらずにレンズ状になる場合とがある．このように液体がほかの液体の上に広がったり広がらなかったりするのはなぜおこるのであろうか．この問題はデュプレによってレンズ状の油の端が水と接しているところの力のバランスによって説明された．気/水界面の張力をγ_a，気油界面をγ_b，油水界面を$\gamma_{a/b}$として，レンズと水とがつくる接触角をそれぞれθ_1，θ_2，θ_3とするとき，油滴が水面上で安定なレンズ状に止まっているためには

$$\gamma_a/\sin(\pi-\theta_1-\theta_2)=\gamma_b/\sin(\theta_2-\theta_3)=\gamma_{a/b}/\sin(\theta_1+\theta_3) \tag{3.5}$$

の関係が成り立つことが必要である．表面張力はベクトル量のため，式(3.5)のそれぞれの表面張力は閉三角をつくる．この三角形をノイマンの三角形という．

　油滴の表面張力γ_bが減少して，接触角θ_1がゼロに近づくと，油滴はレンズ状が保てなくなる．そして，γ_aがγ_bと$\gamma_{a/b}$の和より大きくなると，すなわち，

$$\gamma_a > \gamma_b + \gamma_{a/b} \tag{3.6}$$

のとき，油滴はレンズから広がって液膜になる．この液膜は単分子膜より厚いので光の干渉がおこり，ジュプレックス膜（duplex film）とよばれている．

　ハーキンスは液滴がレンズになるか液膜に広がるかを判定する尺度に式(3.7)

表 3.2 液体 B の表面張力と水面での拡張係数（20℃） $\gamma_{H_2O}=73.36\ \mathrm{erg\ cm^{-2}}$

液体B	γ/erg cm^{-2}	S/erg cm^{-2}	液体B	γ/erg cm^{-2}	S/erg cm^{-2}
1-ブタノール	25.4	48.3	ヘキサン	18.4	4.16
イソペンチルアルコール	24.1	44.0	ニトロベンゼン	44.0	3.8
1-オクタノール	27.5	37.4	ヘプタン	20.1	2.00
オレイン酸	29.5	24.6	オクタン	21.6	0.2
アニリン	42.7	24.9	二臭化エチレン	—	−3.2
ベンゼン	28.9	8.8	ドデカン	25.4	−3.25
四塩化炭素	29.5	7.5	ヘキサデカン	27.5	−7.88
トルエン	28.5	6.8	二硫化炭素	32.3	−8.2
p-キシレン	28.5	7.02	ブロモホルム	45.5	−13.06
o-キシレン	30.3	6.95	ヨウ化メチル	31.0	−26.5

自己凝集力が大きいほど液体は広がり難い．

表 3.3 液体 B の表面張力と水銀面での拡張係数（20℃） $\gamma_{Hg}=486.5\ \mathrm{erg\ cm^{-2}}$

液体B	γ/erg cm^{-2}	S/erg cm^{-2}	液体B	γ/erg cm^{-2}	S/erg cm^{-2}
ヨウ化メチル	31.0	147.5	トルエン	28.5	99.0
ヨウ化エチル	29.1	135.4	ベンゼン	28.9	94.6
オレイン酸	29.5	122	ヘキサン	18.4	90.1
二硫化炭素	32.3	108	エタノール	22.4	75.1
アニリン	42.7	102.8	アセトン	24.0	60
四塩化炭素	29.5	100.5	水	73.6	38.14

自己凝集力が大きいほど液体は広がり難い．

で定義される拡張係数 S（spreading coefficient）

$$S = \gamma_a - \gamma_b - \gamma_{a/b}$$
$$= W_a - 2\gamma_b \tag{3.7}$$

を提出した．ここで，W_a は水と油の付着仕事である．そこで，$S>0$ であれば，水面の油滴は広がり，液膜になる．$S<0$ であれば，油滴は安定なレンズ状になる．$S=0$ では安定な油滴にはならない．$S=0$ のときの関係式を Antonoff の式という．この関係式が成り立つのは特別の条件のときである．

　表 3.2 は 20℃の水面におけるおもな有機液体の表面張力と拡張係数を示す．また，表 3.3 は水銀面における拡張係数である．一般に，油滴の表面張力が大きい液体は自己凝集力が大きいので，薄膜状に広がり難く，滴状になりやすい．そのために，長鎖のアルカンや流動パラフィンなどはそのままでは水面上に広げることはできない．しかし，油に微量の脂肪酸やアルコールなどの界面活性物質を

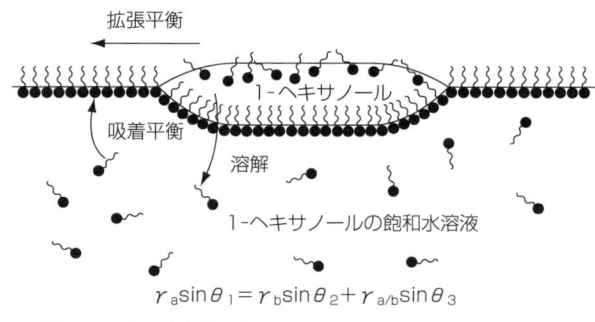

図 3.4 自己疎水化現象
同一分子の飽和吸着単分子膜の上でレンズ状になる.

$r_a \sin\theta_1 = r_b \sin\theta_2 + r_{a/b} \sin\theta_3$

加えると $\gamma_{a/b}$ が減少するため, $S>0$ となり, 油は広がるようになる.

1-ヘキサノールやトリオレインは純水に微量ではあるが溶解する. 純水上にこれらの油滴をおくと, 素早く溶解と広がりがおこり, やがて単分子膜とレンズ状の油滴が残る. 1-ヘキサノールやトリオレインは水面で拡張と溶解の現象が同時におこり, そして安定な吸着単分子膜ができる. その結果, 図3.4に示すように, 水面で配向した単分子膜の上には同じ液体は広がれずに, レンズ状になる. このような現象を一般に自己疎水化 (autophobicity) という. この理由は γ_a の値が吸着単分子膜の形成によって減少し $S<0$ となる以外に, 分子配向した単分子膜の末端の CH_3 基の方が CH_2 基より凝集力が小さく (表2.3参照), 低エネルギーとなるため, 分子配向をしていない CH_2 基の油滴面が単分子膜面にぬれなくなるためである.

平滑な固体表面上におかれた液体がその固体表面に広がるかどうかはヤングの式によって説明される. 詳しくはぬれの2.5節で述べる.

3.2 単分子膜

単分子膜 (monomolecular layer または monolayer) は液体や固体の表面に二次元的に分子が一層に並んだ状態をいう. では単分子膜はどのようにしてつくられ, どんな状態や性質を示すのであろうか. ここでは液体表面, とくに水の表面における単分子膜について考えることにしよう. 固体表面の単分子膜はLB膜の

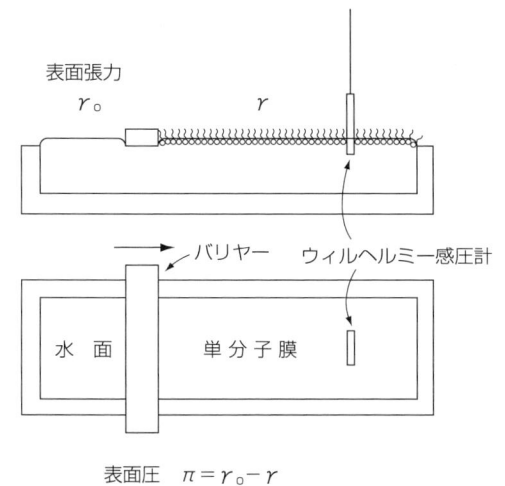

図 3.5 ラングミュア水槽につくった単分子膜のウィルヘルミー法による表面圧の測定

（図中ラベル：表面張力 r_0、r、バリヤー、ウィルヘルミー感圧計、水面、単分子膜、表面圧 $\pi = r_0 - r$）

節で示す．

3.2.1 表面圧と分子面積

　固体のステアリン酸は水にほとんど溶解しないので，室温ではそのままでは水面上に広がらない．しかし，ベンゼンに溶かし，その溶液を水面に滴下すると，ベンゼンが水面を速やかに広がり，薄い層になる．ベンゼンの層は蒸気圧が大きいのですぐに蒸発をして消えてしまい，後にステアリン酸がカルボキシル基を水中に浸し，炭化水素部位を気相に配向した単分子膜[*1]ができる．このとき用いたベンゼンを展開溶媒（spreading solvent）といい，ステアリン酸膜を展開単分子膜（spread monolayer）または不溶性単分子膜（insoluble monolayer）とよぶ．これに対して，界面活性剤など可溶性物質がその溶液から気相界面に吸着してつくる単分子膜を吸着単分子膜（adsorbed monolayer）とよんで区別する．

　図 3.5 のような水槽を用いて，単分子膜の物性を調べる．仕切板（barrier）は単分子膜のある水面と単分子膜のない水面とを完全に仕切り，しかも左右に移動

[*1] monolayer は単分子膜といわずに単分子層とよぶ方が適切と思えるが日本では単分子膜とよぶ習慣になっている．膜（membrane）は分子が互いに密着をして二次元的構造をつくった状態である．しかし，ここで扱う単分子膜の状態は必ずしも膜の状態だけでなく，分子が互いに自由に運動するような状態も含まれている．

させることによって，水面の分子密度を自由に変えるために用いられる．分子密度に依存した表面張力は単分子膜のない水面と単分子面との張力差を単分子膜の表面圧として直接フロート法によって測定することができる．

しかし，最近はウィルヘルミー型表面張力検出器（surface tension device）によって，次に示すようにして求める方法が広く行われている．たとえば，分子密度が増加すると，表面張力は減少する．分子密度の逆数は1分子あたりの占有面積（molecular area）である．単分子膜をつくるのに水面に添加したステアリン酸の物質量 m mol と膜が広げられていた水面の幾何学的面積 S m² から，単分子膜を構成している1分子あたりの占有面積 A/nm² mol⁻¹ は

$$A = S \times 10^{18}/(m \times N_A) \tag{3.8}$$

で求められる．ここで，N_A はアボガドロ定数である．一方，単分子膜の表面張力を γ mN m⁻¹ とすると，γ は分子密度によって異なる．単分子膜のない水面の表面張力を γ_0 mN m⁻¹ とすると，単分子膜が水面に対して拡張しようとする力（正しくは水が収縮するために膜が伸張する）は二次元膜の圧力として式(3.9)で表せる．すなわち，

$$\pi = \gamma_0 - \gamma \tag{3.9}$$

ここで，π は表面圧（surface pressure, mN m⁻¹）である．

一定の温度で表面圧 π と分子面積 A との関係は三次元における圧力 p と体積 V との状態方程式の関係に類似させて，二次元の状態方程式として扱うことができる．そこで，π と A の関係によって，単分子膜の膜状態や膜転移を表すことができる．

3.2.2 単分子膜の状態：π-A 曲線

図3.6は一定の温度での π と A の関係（π-A 曲線という）を図式的に示したものである．曲線の形は膜を形成する物質や温度によって異なるが，単分子膜はいくつもの二次元の状態と転移点を示す．図3.6の記号は表3.4のような単分子膜の状態と転移点を示す．気体膜は，通常 π が 0.1 mN m⁻¹ ぐらいの低圧で分子面積の大きな状態で観察される膜である．たとえば，ミリスチン酸の π^V は 0.20，1-テトラデカノールは 0.11，パルミチン酸は 0.039，レシチン（DMPC）は 0.01，コレステロールは 0.005 mN m⁻¹ である．膜が圧縮されるにつれて，液体膨張膜，液

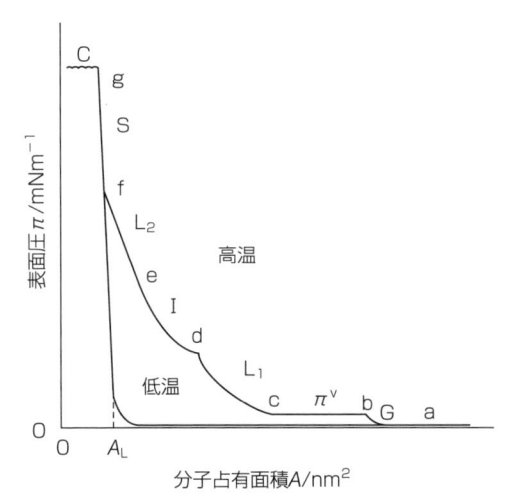

図 3.6 単分子膜の π-A 曲線における二次元の状態とその転移点
A_L は極限面積を示す.

表 3.4 単分子膜の圧縮過程における膜の状態と転移点

記号	膜の状態	記号	転移点
G	気体膜 (gaseous film)	a	G 膜の圧縮状態
π^V	二次元の飽和蒸気圧	b	G 膜中に L_1 膜が形成しだす
L_1	液体膨張膜 (liquid expanded film)	c	G 膜から L_1 膜への転移
I	中間膜 (intermediate film)	d	L_1 膜から I 膜への転移
L_2	液体凝集膜 (liquid condensed film)	e	I 膜から L_2 膜への転移
S	固体膜 (solid film)	f	L_2 膜から S 膜への転移
C	崩壊膜 (collapsed film)	g	S 膜の崩壊

体膜,固体膜と変化する.そして,さらに圧縮されると単分子膜は崩壊して三次元の析出状の崩壊膜となる.

図 3.7 は炭化水素の数や炭化水素鎖の数が異なった場合の π-A 曲線を示す.分子の大きさや性質が π-A 曲線に反映されていることがわかる.曲線 1, 2, 3 は同族化合物で,鎖長の違いによって膜の状態と転移点の違いが明らかに現れている.曲線 1 は固体膜で,分子面積 A のわずかな変異で膜圧が急激に増加する.これに対して,曲線 7 と 8 は膨張膜で A の変化に比べて π の変化は緩やかであるが,膜は壊れやすく,比較的低圧で転移点の崩壊膜が現れている.

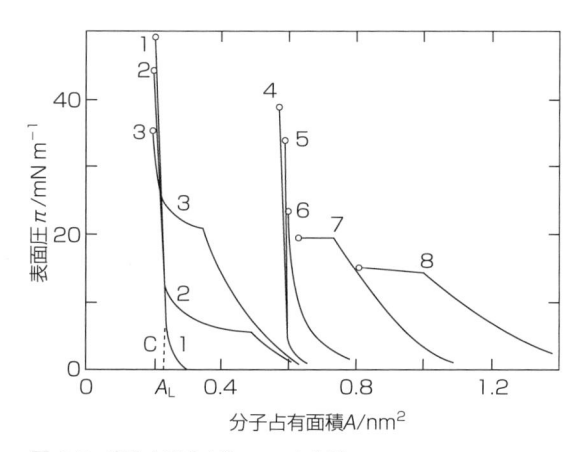

図 3.7　炭化水素化合物の π-A 曲線
1：α-モノステアリン，2：α-モノパルミチン，3：α-モノミリスチン，4：トリステアリン，5：トリパルミチン，6：トリミリスチン，7：トリラウリン，8：トリオレイン，C：A_L を示す．

一般に，膜の形成分子に電荷，二重結合，分岐などがある分子の占有面積は大きくなり，膨張膜または液体膜になる．ステアリン酸のように長鎖飽和脂肪酸の膜は低温では固体膜となり，温度が上昇するに従って凝縮膜から膨張膜の状態をとるようになる．

表面圧 π と分子の占有面積 A の関係は三次元の状態方程式に類似させて

$$\pi(A - A_0) = kT \tag{3.10}$$

によって与えられる．ここで，A_0 は分子の熱力学的な排除占有面積（co-area）で，k はボルツマン定数である．式(3.10)は膜の状態を表すことができるので単分子膜の状態方程式（equation of monolayer state）という．図 3.7 の点線 C で示すように，高い表面圧の状態における直線関係を膜圧ゼロに外挿したときの面積を極限面積 A_L（limiting area）という．A_L の値は水面上における分子の実際の占有面積に近い．たとえば，ステアリン酸膜の A_L は 0.205 nm² となり，X 線回折での値は 0.2038 nm² で，両者はよく一致している．π の項に分子間の引力と反発力を考慮したファンデルワールス型に修正をしたデイヴィス・ライデル（Devies-Rideal）式もある．

3 液体表面上の薄膜　91

表 3.5　単分子膜のギブズ弾性率

単分子膜	E_G/mN m^{-1}
清浄水面	0
理想単分子膜（πA = const.）	π
タンパク質膜（$A \sim 1$ m^2 mg^{-1}）	1～20
液体膨張膜	12.5～50
液体凝縮膜	100～250
固体膜	1 000～2 000

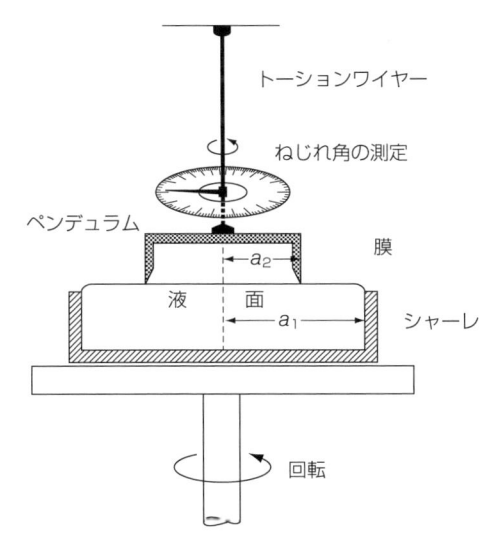

図 3.8　単分子膜の粘度の測定

3.2.3　単分子膜の変形と流動

　単分子膜に変形や流動を与えると単分子膜のレオロジー因子を調べることができる．しかし，単分子膜のレオロジー因子を弾性項と粘性項とに正確に分けて測定することが困難な場合も多い．単分子膜が吸着膜の場合と不溶性単分子膜の場合とでは測定法は異なる．

　不溶性単分子膜を一定の速度で圧縮して，π-A 曲線をつくることができる．この π-A 曲線の表面圧と面積の変化から二次元の圧縮率 β が求められる．すなわち，膜分子数 n が一定のもとで

$$\beta = (1/A)(\partial A/\partial \pi)_{T,n} \tag{3.11}$$

3.2 単分子膜

そこで，不溶性単分子膜のギブズ弾性率 E_G は

$$E_G = A(\partial\gamma/\partial A)_{T,n} = -1/\beta \quad (3.12)$$

で求められる．E_G の値には時間項が含まれていないので単分子膜の物質固有の値である．表3.5は単分子膜の状態による E_G の値を示す．

単分子膜の流動性は膜の粘性（surface viscocity）をはかることによって調べることができる．表面粘性の測定は回転粘度法とキャナル法とがある．回転粘度法は図3.8に示す方法で，不溶性単分子膜の粘性でも吸着単分子膜の粘性でもはかることができる．半径 a_1 のシャーレに溶液を入れ，一定速度で回転させる．下端がナイフエッジの半径 a_2 の円筒形ペンデュラムを液面にちょうど接するようにトーションワイヤーで吊る．一定の角速度 ω_T でシャーレを回転させ，溶液表面に存在する単分子膜によってペンデュラムに伝わるねじれ角を測定する．同じようにして，単分子膜が存在しない溶媒だけのときのねじれ角を測定し，これらのねじれ角の差 $\Delta\theta$ を求める．単分子膜の粘性 η_S（単位は surface poise で sp と略す）は

$$\eta_S = (\Delta\theta K_T/4\pi\omega_T)\{(1/a_2^2)-(1/a_1^2)\} \quad (3.13)$$

で与えられる．ここで，K_T はトーションワイヤーの定数である．

図3.9は分子面積を一定にして下層液の塩濃度と表面粘性の関係を示す．分子面積が $1.70\,\text{nm}^2$ と大きく，分子が自由に運動できる膜では塩濃度の増加につれて表面粘性はアンモニウム部位の水和が脱水和され，イオン解離が抑制されるため

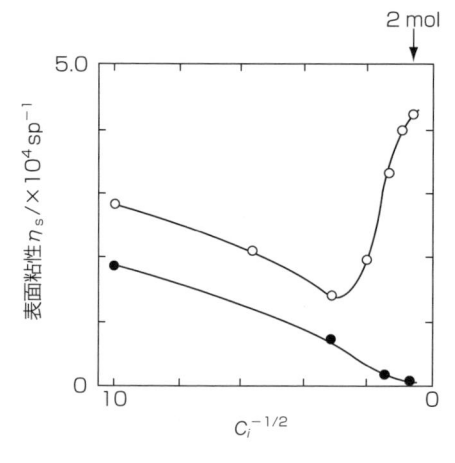

図3.9　NaCl溶液上に展開された $C_{18}H_{37}\cdot N(CH_3)_3^+$ 膜の分子面積（A）一定での表面粘性
○：$A=0.85\,\text{nm}^2$，●：$1.70\,\text{nm}^2$．

に減少する．分子面積が0.85 nm²で小さくなると，塩濃度が0.1 mol L⁻¹ぐらいまでは脱水和とイオン解離の抑制で，表面粘性は減少するが，さらに塩濃度が増加すると表面粘性は急激に増加する．これは下層液の塩濃度が0.1 mol L⁻¹以上に増加すると単分子膜のアンモニウム部位が塩析作用を受け，膜分子の親水基であるアンモニウム基が互いに接触するようになるからである．このように，表面粘性の塩濃度依存性から，極性基の溶存状態を推察することができる．

この方法で注意することは単分子膜の粘性とほぼ同じぐらいに下層液の引きずりによる影響がおこるため，$\Delta\theta$の値をできるだけ正確に測定することである．

キャナル法では膜の粘性が比較的低い（10^{-5}～10^{-3} sp）不溶性単分子膜の粘性を測定することができる．ラングミュア水槽に長さl，幅wのキャナルをつくり，キャナルの右水面に不溶性単分子膜を展開してつくる．そして，キャナルの左と右の水面に等距離にバリヤーをおく．二つのバリヤーを同時に同じ方向に移動させ，一定の表面圧勾配（$\Delta\pi$）で，単分子膜がキャナルを一定速度（Q）で流れるように操作する．単分子膜が水面上を"滑る"とした場合，単分子膜の粘性η_Sは，

$$\eta_S = \frac{(\Delta\pi)w^3}{12\,Q \times l} \tag{3.14}$$

より求められる．単分子膜が移動するとき，下層液を"引きずる"ので，正確には式(3.14)に補正項を入れた式を用いることが必要である．

3.3 ラングミュア-ブロジェット膜

水面上につくられた展開単分子膜はどのようにしたら固体表面に移しとることができるのであろうか．そして，固体表面に単分子膜をいくえにも重ねた膜はどのような構造と性質を示すのか調べてみよう．

3.3.1 LB膜のつくり方とタイプ

ラングミュア水槽を用いて約20℃ぐらいの水槽の水面に膜圧20～30 mN m⁻¹で安定な展開単分子膜をつくる．この単分子膜はガラス板，石英板，フッ化カルシウム板，金属板などの固体基板に移しとることができる．移しとる方法は図3.10のように垂直浸漬法と水平付着法とがある．垂直浸漬法は固体基板を水面に

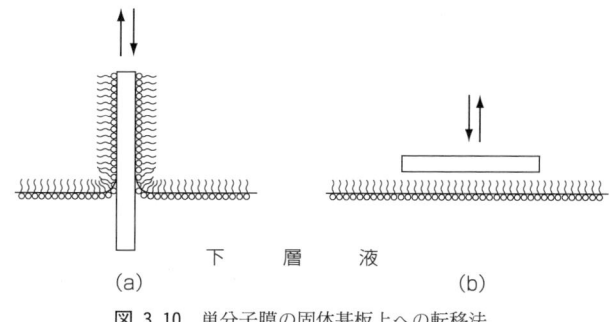

図 3.10 単分子膜の固体基板上への転移法
（a）垂直浸漬法　　（b）水平付着法

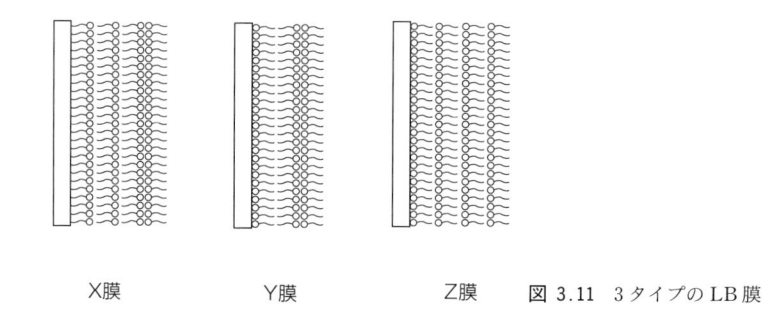

図 3.11 3タイプのLB膜

垂直に，一定速度で静かに上下させる方法で，水平付着法は基板を膜に水平に接して付着させる方法である．どちらの方法でも水面上の単分子膜をいくえにも固体表面に重ねることができる．このように単分子膜を重ねた膜をラングミュア-ブロジェット(Langmuir-Blodgett)膜またはたんにLB膜という．これに対して，水面上の単分子膜をL膜とよぶことがある．

規則的な層状のLB膜をつくるために，基板をまえもって十分清浄するかあるいはステアリン酸鉄などを塗布して完全に疎水化しておくとよい．また，下層液に重金属塩を溶かすとかpHを調整するとか，膜と反対電荷の高分子を溶かすなどして展開単分子膜に吸着させてから固体基板に移すとLB膜がつくりやすくなる．

LB膜は単分子膜の累積の状態によって図3.11のように3種類のタイプがある．X膜は水平付着法で調製するLB膜や垂直浸漬法で固体基板を水中に下げる

ときに単分子膜が付着してできる膜である．この膜の分子双極子は層数につれて増加する．しかし，放置すると一番外側の一層は反転（turn over）して疎水基が外を向き安定化する．このような膜は，たとえば，ステアリン酸エチルエステルの単分子膜でつくることができる．Y膜は固体基板を水中に下げるときと引き上げるときの両方向で付着してできる膜である．このタイプのLB膜は長鎖脂肪酸塩などでつくられる膜でもっとも多い．この膜の分子は疎水基と疎水基，極性基と極性基が対向しているので，膜の極性は互いに打ち消すようになるが，疎水基間や極性基間での相互作用など膜に機能性をもたせるのには都合のよい構造である．Z膜は固体基板を水中から引き上げるときにだけ付着してできる膜である．このタイプの膜はたとえば，ガラス基板にステアリルアミンなどカチオン性のLB膜をつくるときにできやすいが，膜圧や温度によって異なることがある．

　LB膜は分子配向が人為的に決められた二次元結晶膜のため，作成したときの分子配向が経時で変化することがある．そのために，長時間LB膜状態を保持するための工夫が必要である．たとえば，二重結合を含む分子でLB膜を調製し，光反応によって分子間を架橋して膜を高分子化したり，またはLB膜に調製した後で分子容の大きな分子を吸着させて固定化するなどの試みがなされている．

3.3.2　分子の配向

　LB膜にした状態で炭化水素鎖は基板に対して垂直に向いているとは限らない．では，炭化水素鎖の配向はどのようにしたらわかるのであろうか．もっとも一般的にはメチレン基の偏光分光法によって決めることができる．

　石英基板に炭化水素鎖のLB膜を数層重ねてつくる．LB膜中の炭化水素鎖を分子軸にとり，そして，基板の法線方向に対する傾きを θ とする．CH_2 基の対称伸縮振動と非対称伸縮振動について，透過吸収分光（TAS）法と反射吸収分光（RAS）法による偏光IRスペクトルを測定する．TASとRASについて，分子軸が基板に対して垂直な場合と平行な場合について入射光と共鳴振動との関係を模式的に図3.12に示した．LB膜の分子軸が垂直（$\theta=0°$）のときTASの吸収は最大となるが，RASは最少になる．逆に，分子軸が水平（$\theta=90°$）のときTASは最少で，RASが最大の吸収を示す．

　図3.13に示すように CH_2 基の対称伸縮振動の波長（$\nu_{s(CH_2)}$）でTASとRASの

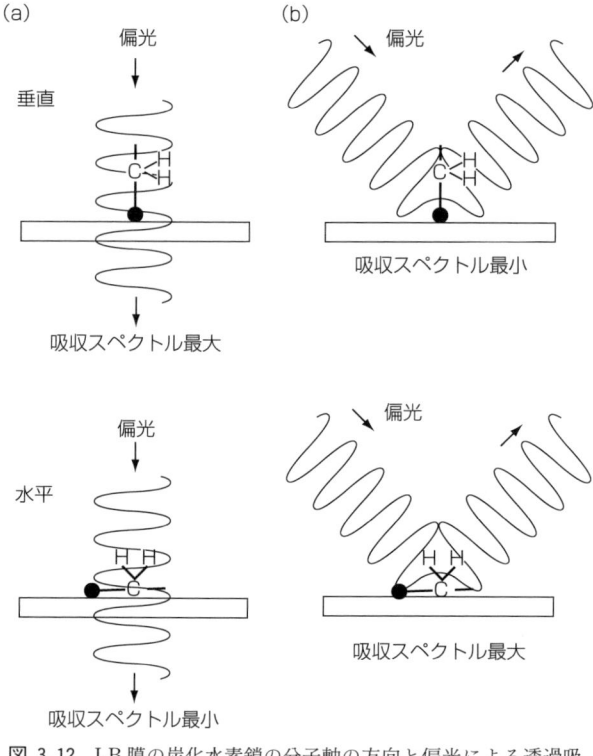

図 3.12 LB 膜の炭化水素鎖の分子軸の方向と偏光による透過吸収スペクトル (TAS) と反射吸収スペクトル (RAS) の吸収強度との関係
(a) TAS 法　(b) RAS 法

吸収スペクトルを測定して，その吸収強度をそれぞれ A_T と A_R とすると，A_T と A_R の比は分光学の理論より，

$$A_T/A_R = \sin^2\phi / (2\, m_z\cos^2\phi + m_x\sin^2\phi) \tag{3.15}$$

となる．ここで，ϕ は，図 3.14 に示すように炭化水素の分子軸が一軸配向としたとき，分子中のある光感応基の遷移モーメントが基板の法線方向となす角を表す．また，m_z と m_x は無配向性の試料によって透過吸収スペクトルに対する反射吸収スペクトルの強度増大率で，それぞれ z 軸および x 軸方向の値で実験で決められる．一般に，m_z は 11～14 で，m_x は 0.04～0.13 であるので，右辺の分母の第二項は無視することができる．このようにして，図 3.13 で CH_2 の対称伸縮振動の波長

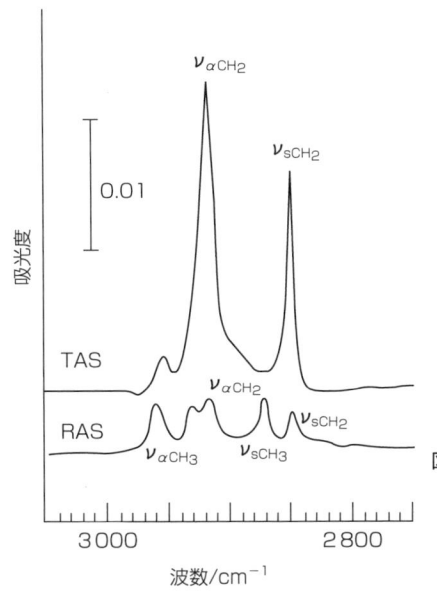

図 3.13 透過吸収分光（TAS）法と反射吸収分光（RAS）法による IR スペクトルの違い
ステアリン酸カドミウムの 7 層 LB 膜で，反射吸収スペクトルは銀蒸着膜上に LB 膜をつくる．

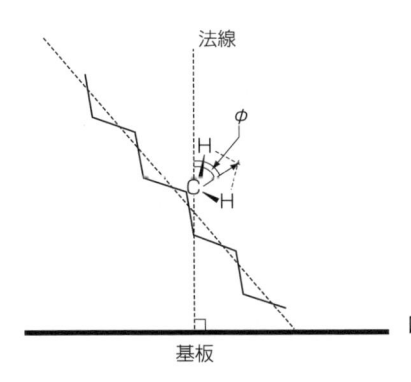

図 3.14 一軸配向の炭化水素鎖の CH_2 基の遷移モーメントと基板の法線との幾何学的関係

（$\nu_{\alpha(CH_2)}$）でスペクトルを測定して，その吸収強度 A_T と A_R の値を式(3.15)に代入して，ϕ が求められる．この ϕ の値を α とする．次に，まったく同じ方法で，図 3.13 の非対称伸縮振動の波長（$\nu_{\alpha(CH_2)}$）で測定して，その吸収強度 A_T と A_R を式(3.15)に代入して再び ϕ を求める．この値を β とする．図 3.15 に示すように，法線方向から炭化水素の分子軸の配向角を θ とすると，分子軸と CH_2 基の構造から，角 α と β は直交し，また θ は α と β と直交する．そこで，角 α，β，θ

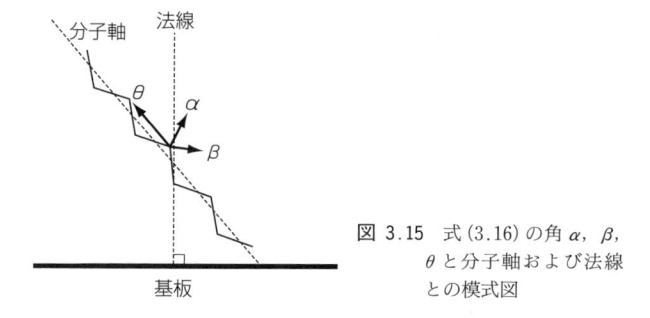

図 3.15 式 (3.16) の角 α, β, θ と分子軸および法線との模式図

の間には

$$\cos^2\alpha + \cos^2\beta + \cos^2\theta = 1 \tag{3.16}$$

の幾何学的な関係が成り立つ．したがって，式(3.16)から法線からの分子配向角 θ を求めることができる．たとえば，ステアリン酸などの脂肪酸の分子軸は傾き角（tilt angle）θ は25°から35°に傾斜しているが，脂肪酸塩にすると，膜中のアルキル鎖の分子軸は8±5°でほとんど垂直に配向している．ステアリルアミン塩は約10°ぐらい傾いている．

3.3.3 LB膜の応用

　LB膜の応用として，2通りがある．その一つは成膜物質に，光，電子，磁気，薬品などに感応する基材を用いてLB膜をつくり，外場からのエネルギーをLB膜で変換する研究である．たとえば，メロシアニン基やクロロフィル基を導入した分子のLB膜は光に対して非線形型の変換をする．この性質を利用して，特殊な光センサーや光を電子エネルギーに変換する素子などの開発が試みられている．また，生体組織について神経細胞から抽出した脂質を用いてシリコーン基板上にLB膜をつくり，電気伝導機構を解明することによって，生物半導体の開発や生体膜中のイオンチャネルの機構を解くための研究が行われている．

　他の一つはLB膜を吸着材として用いることである．カチオン性LB膜は水溶液から有機アニオン物質を定量的に吸着させることができる．また，図3.16にみるように，水中に分散しているナノサイズの合成高分子やアモルファスシリカ微粒子を規則的に吸着させ，二次元結晶の構造をつくることもできる．LB膜はジカチオン性で基板にあらかじめ二層膜をつくり，清水で分子反転してから，微粒子

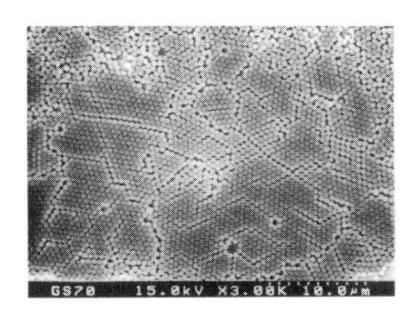

図 3.16 XSAC LB 膜へのラテックス粒子の吸着による擬二次元結晶構造

分散液に浸漬して吸着させるとよい．LB 膜をこのように，分子吸着材として用いる研究例はまだほとんど途に着いたばかりである．

3.4 多分子膜

長鎖脂肪酸やリン脂質のように水に溶け難い両親媒物質は水を含んで分子が規則的に配列した液晶構造をつくる．では二分子膜や多分子膜はどんな構造をとり，どんな性質を示すのか調べてみよう．

3.4.1 二分子膜とベシクル

長鎖の炭化水素基をもった両親媒性物質は極性基と極性基，疎水基と疎水基が互いに向きあった図 3.17 に示すような層状構造の結晶（図(a)）をつくる．このような結晶を水に入れ，温度を調節すると，水が浸透して，極性基に水和がおこり，炭化水素鎖が液体状態（図(b)）になる．この状態を液晶（liquid crystal）という．とくに，分子が図 3.17 のように向かいあった二分子層の状態を二分子膜（bilayer）といい，一つの単位として考えられる．たとえば，細胞壁などの生体膜はおもにリン脂質の二分子膜から構成されている．このような二分子膜の基本構造は両親媒性物質の安定な状態であり，小角 X 線散乱，NMR スペクトル，ESR スペクトルなどで容易に調べることができる．

水面上に展開されてつくられる膜が単分子膜とよばれるのに対して，二分子層の膜を単一二分子膜（single bilayer）という．二分子膜がいく層にも重なった図 3.17(b) の状態を多重二分子膜（multibilayers）という．

3.4 多分子膜

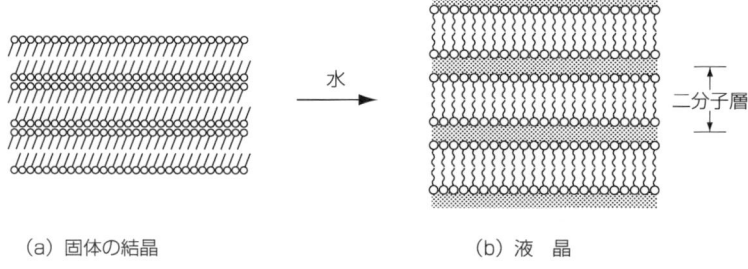

図 3.17 両親媒性の結晶（a）と液晶（b）

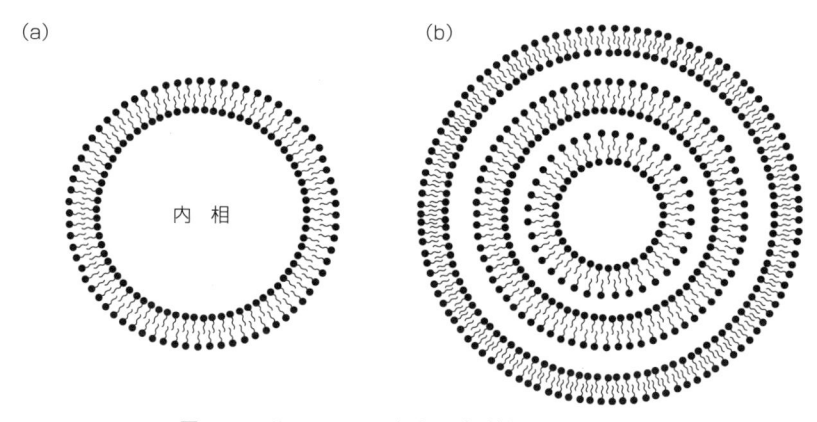

図 3.18 単一ベシクル（a）と多重層ベシクル（b）

　二分子膜状になっている液晶（ニート液晶相）は図 3.18 のような球形の小胞体をつくるものがある．この小胞体をベシクル（vesicle）という．天然物由来のリン脂質はバンガム（A. D. Bangham, 1964）によって最初にベシクル形成が発見された物質で，もっとも容易にベシクルをつくる物質としてよく知られている．リン脂質によってつくられるベシクルを，とくにリポソーム（liposome）とよぶ．また非イオン性ベシクル，たとえば，ポリオキシエチレン鎖などを親水基としたベシクルをニオソーム（niosome）ということがある．単一の二分子膜からつくられるベシクルを単一ベシクル（single vesicle）といい，いく層にも重なったタマネギのような構造を多重層ベシクル（multilameller vesicle）という．ベシクルを形成する分子は極めて多いが，そのおもな例を表 3.6 に示す．

3 液体表面上の薄膜

ベシクルのおもなつくり方は次の4通りがある．

（1）薄膜法　ベシクル形成物をアルコールまたはアセトンに溶解させておき，フラスコの内壁に薄い膜状になるようにフラスコをまわしながら溶媒を蒸発除去する．次に，水を入れ，ラボミキサーまたは超音波照射によって十分かきまぜることによってベシクルがつくられる．

（2）溶媒置換法　この方法はベシクル形成物質を良溶媒に溶かした溶液を少量ずつ，かきまぜながら貧溶媒中に滴下する．たとえば，リン脂質のクロロホルム溶液をかくはんしながら水中に滴下するとベシクルが形成される．

（3）電気乳化法　シリンジにベシクル形成物質の溶液を入れ，シリンジの針部を水中に浸ける．針部に正極をとりつけ，針の直下に負極をおく．そして，両極間に電圧をかけておき，シリンジより溶液をゆっくり押しだす．この方法によると比較的小さく，粒子径のそろったベシクルをつくることができる．

（4）界面沈殿法　この方法はW/O/W型エマルションの製法と類似している．あらかじめ，リン脂質を溶かしたベンゼン溶液に水を加えてW/O型エマルションをつくっておく．次に，約10倍量の水中にこのW/O型エマルションを加えるとベシクルができる．この方法はとくに，内相の水に薬物などを包含したベシクルをつくるのに適している．

これらの方法によって形成されるベシクルは大きさに分布があるので，ゲル沪過（セファデックスゲルによる液体クロマトグラフィー）などで分離すると，粒子径が比較的均一なベシクルを調製することができる．

ベシクルはミセルと異なる．ベシクルは不溶性または難溶性の両親媒物質によってつくられるが，ミセルは可溶性の両親媒物質の会合体で，熱力学的に安定である．水中でつくられるベシクルの表面は親水基で覆われているので水溶性の界面活性剤ミセルと類似しているが，ベシクルの内部が親水基で水相になっている点がミセルと異なる．ミセルは直径5〜10 nmぐらいであるが，ベシクルの大きさは直径10〜100 nmである．目的によっては1 μmほどの大きなベシクル（large single vesicle）もつくることができる．ベシクルは熱力学的に不安定であるため，時間の経過によって凝集，合一，多重融合などをおこす．ベシクルを実用化するためにはこれらの現象を防ぐための解決が必要である．最近，油相中でも親水基を内側にしたベシクルが形成されることがわかった．油相中の界面活性

3.4 多分子膜

表 3.6 おもなベシクル形成物質

分子の特徴	物　　質	化学構造
モノマー型 (1 鎖形)	アルキルリン酸ナトリウム	$H_3C(CH_2)_{12}C\equiv C(CH_2)_9PO_3Na_2$
	ポリグリセロールエーテル	$H_3C(CH_2)_{15}-O-(CH_2-\underset{\underset{CH_2OH}{\vert}}{CH})_3H$
ダイマー型 (2 鎖形)	ジアルキルリン酸ナトリウム	$\begin{array}{c}H_3C(CH_2)_{14}CH_2-O\diagdownO\\P\\H_3C(CH_2)_{14}CH_2-O\diagup\diagdown O^-Na^+\end{array}$
	臭化ジアルキルジメチルアンモニウム	$\begin{array}{c}H_3C(CH_2)_{10}CH_2CH_3\\\diagdown\diagup\\N^+Br^-\\\diagup\diagdown\\H_3C(CH_2)_{10}CH_2CH_3\end{array}$
	ジパルミトイルレシチン	$H_3C(CH_2)_{14}COOCH_2$ $H_3C(CH_2)_{14}COOCH$ $H_2COPO_3^-(CH_2)_2N^+(CH_3)_3$
	ポリオキシエチレングリセロールエーテル	$H_3C(CH_2)_{12}CH_2-O-CH_2$ $HC-O-(C_2H_4O)_{15}OH$ $H_3C(CH_2)_{12}CH_2-O-CH_2$
オリゴマー型 (3 鎖形)	臭化トリス-アルキルカルボキシルエチレンメチルアンモニウム	$H_3C(CH_2)_{12}COO-CH_2$ $H_3C(CH_2)_{12}COO-CH_2-N^+-CH_3Br^-$ $H_3C(CH_2)_{12}COO-CH_2$
	ポリオキシエチレン 硬化ひまし油 $l+m+n=10$ EO : C_2H_4O	$CH_3(CH_2)_8CH(CH_2)_7\overset{\overset{O}{\|\|}}{C}-(OE)-O-CH_2$ $(EO)_lO$ $CH_3(CH_2)_8CH(CH_2)_7\overset{\|\|}{C}-(OE)-O-CH$ $(EO)_mO$ $CH_3(CH_2)_8CH(CH_2)_7\overset{\|\|}{C}-(OE)-O-CH_2$ $(EO)_n$

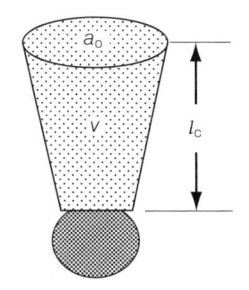

図 3.19 両親媒性分子の形状因子

剤がつくるミセルを逆ミセルとよぶのと同様に油相中のベシクルを逆ベシクルとよび，内相も油相である．

3.4.2 ベシクル形成剤と応用

ベシクルは二分子膜の液晶状態が閉鎖状の球になることによってつくられる．ではどのような機構で二分子膜が球形になるのであろうか．しかし，まだこの機構について完全な説明はされていない．ただ，簡単な説明として次の2通りがある．はじめは二分子膜分子の形状からの説明である．最初，平らなラメラ状の二分子膜を外力によって上に凸に湾曲させたとき，二分子膜の外側の分子層にもっともひずみがかかるという条件を満たすと分子はベシクルをつくる．Israelachivili によると，図 3.19 に示すように，分子の炭化水素鎖の有効鎖長を l_c，界面における分子の有効断面積を a_o，炭化水素鎖の実効体積を V とすると，臨界充填パラメーター P は

$$P = V/(a_o \times l_c) \qquad (3.17)$$

となる．P の値が $0.5 \sim 1$ の範囲の分子がベシクルを形成することができる．このパラメーターに対する界面活性剤の濃度や溶媒の極性の影響などについては不明である．

次は二分子膜のエネルギー状態による説明である．水中で単一二分子膜が液晶状態の多重二分子層からかくはんなどの機械的な力ではく離したとしよう．しかし，この状態は熱力学的に不安定である．すなわち，液晶状態の二分子膜の平面層は側面や角などと層の平面とでは曲率によるエネルギーが異なる．そこで，すべての箇所で二分子層がエネルギー的に均一で，しかも系の界面エネルギーが最少になるために閉鎖状の球になると考えられる．

図 3.20 HCO-10 のベシクル

ベシクル二分子層は外側と内側でエネルギー状態が異なる．そのため，リン脂質とコレステロールを混合した組成でリポソームをつくるとリポソームの外側と内側でコレステロールの組成が異なる．ベシクルの内相に水溶性の塩や物質を，たとえば，上記の 3.4.1（4）項の製法によって，封入することができる．内包物の溶けた水相は，二分子膜によって外水相と仕切られるので，ベシクル中に安定に保持されるためには内水相と外水相を等浸透圧に保たれねばならない．浸透圧が異なるとベシクルは膨潤か，萎縮をして壊れてしまう．

　ベシクルを分散媒中に安定に存在させることができると，ベシクルの内相をミクロの容器として活用することができるので，多くの応用が可能になる．たとえば，内水相に薬物などの機能性物を封入して，目的の患部や箇所にまで安定に運ばせる，いわゆる DDS（drug delivery system）としてのベシクルの研究開発が現在，精力的に行われている．

3.4.3　自然形成ベシクル

　ベシクルを調製する方法は 3.4.1 項で示したが，これらの方法によるベシクルはいずれも外力や溶媒交換などの方法で形成される．そのため，長時間ベシクル分散液を静置しておくと，エマルションのように合一・分離または内包物の放出などがおこり，安定性に問題がおこる．ベシクル材を分散液に入れ，外力を必要とせずに分散させるだけでベシクルが形成するようなベシクルは自然形成ベシクルとよばれ，熱力学的に安定性が高い．

表 3.6 に示したポリオキシエキレンを 10 mol 付加した硬化ひまし油（HCO-10）は水に注入するだけで牛乳のように，自然に白濁をおこし，図 3.20 に示すようにベシクルが形成される．HCO-10 は生理的にも安全性が高いため，内包物に水溶性の医薬品を入れ，すでにベシクル薬品として実用化されている．

リン脂質が形成するリポソームは通常外力を用いて形成されるが，グリセロール型のリン脂質や非イオン界面活性剤と混合したレシチンなどは特定の条件下で自然ベシクルを形成することが最近見出されている．このように自然形成ベシクルは低エネルギーで形成するために安定性にも優れているが，ミセルやマイクロエマルションのように熱力学的平衡系ではなく，やはり分散系として扱うべきである．その理由は形成される状態や形が一様でないからである．

演習問題

3.1 シクロヘキサンとシクロヘキサノールの凝集仕事 W_c の違いは水とシクロヘキサンおよび水とシクロヘキサノールの付着仕事 W_a との違いに比べて何倍異なるか．表 3.1 を用いて求めよ．また，差異が大きくなる理由を説明せよ．

3.2 ヘキサデカンは水面では拡張係数が負となり，拡張しない．拡張させるためにはどうしたらよいか．

3.3 ある種の均一縮合高分子の単分子膜は膜圧がかかると二次元の自己組織膜に転移する．π-A 曲線を測定したら，転移圧 π_t は温度によって表に示すように変化した．式 (3.10) が適応できるとして，自己組織体の形成熱を熱力学的に求めよ．ただし，自己組織体形成後の分子占有面積 A は A_0 と等しくなると仮定する．

温度/°C	15	20	25	30	35	40
π_t/erg cm^{-2}	20.56	16.44	13.21	10.65	7.45	6.20

3.4 アニオン性のステアリン酸やアラキジン酸は LB 膜をつくりやすいが，カオチン性の両親媒性物質は LB 膜をつくりにくい．その理由を説明せよ．

3.5 レシチンなどリン脂質は一般に外部エネルギーを加えないと，ベシクル（リポソーム）を形成することができない．しかし，ポリオキシエキレン硬化ひまし油（HCO-10）は水に分散するとベシクルを自然形成する．分子構造とベシクル安定性との関係を推察せよ．

4 固体表面における吸着

- 固体表面における気体の物理吸着現象とその表現としての等温式を学ぶ.
- 気体の化学吸着から固体表面の酸・塩基点および酸化・還元点を定量的に理解する.

4.1 吸着の定義

2相が接している界面,たとえば固・気,固・液,あるいは液・気,液・液界面において,特定のある成分濃度が,バルクの相内濃度と異なるとき,その界面にはその特定成分が吸着していると定義されている.したがって,吸着量が相内濃度よりも大きいとき,界面に正の吸着が,逆の場合は負の吸着がおこっていることになる.

吸着をその機構から大きく分けると物理吸着(physisorption)と化学吸着(chemisorption)に分類することが可能である.吸着力がファンデルワールス力に基づくものは物理吸着であり,化学結合力に基づくものは化学吸着と定義されている.しかしながら現実の系における吸着力は連続的に変化している.たとえば,弱い化学吸着と強い物理吸着が混在している場合,両者を明確に分離定量することは困難である.IR,UV,その他の分光学的分析評価,あるいは機器分析評価を加えての判断が必要となってくる.一般に物理吸着は,化学吸着に比較して吸着速度は速く,また吸着熱は小さい.それぞれの特徴の概略を表4.1に示す.

固体表面における物理吸着のポテンシャルエネルギーは次の各種エネルギーの総和として求められる.

(1) Londonの分散エネルギー(E_1)

(2) 表面の電場によって吸着質分子内に誘起された双極子と,表面電場との間の相互作用エネルギー(E_2)

4.1 吸着の定義

表 4.1 物理吸着と化学吸着の差

比較項目	物理吸着	化学吸着
吸着力	ファンデルワールス力	化学結合力
活性化エネルギー	ゼロ	ある
吸着熱	蒸発熱のオーダー	反応熱のオーダー
選択性	なし	ある
吸着速度	速い	遅い
吸着等温線	BET型，フロインドリッヒ型	ラングミュア型
吸着層	多分子層	単分子層
可逆性	可逆的	不可逆的
表面変化	なし	顕著

（3） 吸着質がもつ双極子と表面電場との相互作用エネルギー（E_3）
（4） 四重極子と電場との相互作用エネルギー（E_4）
（5） 反発エネルギー（E_5）
（6） その他のエネルギー

などの総和として与えられる．

$$E_1 = -\frac{C}{r^6}, \qquad C = \frac{3}{2}\alpha_1\alpha_2\frac{h\nu_1\nu_2}{\nu_1+\nu_2} \tag{4.1}$$

$$E_2 = -\frac{1}{2}\alpha_1 F^2 \tag{4.2}$$

$$E_3 = -\mu F\cos\theta \tag{4.3}$$

$$E_4 = -\frac{1}{2}Q\frac{\partial^2 P}{\partial t^2} \tag{4.4}$$

$$E_5 = Br^{-m} \tag{4.5}$$

ここで，α_1, α_2 は原子1，2の分極率（吸着質の分極率を α_1 とする），ν_1, ν_2 は原子1，2の特性振動数，F は表面電場，μ は双極子モーメント，r は原子間距離，θ は双極子と電場とのなす角度，Q は線状四重極子モーメント，P は不均一電場内のポテンシャル，t は四重極子の対象軸に沿う座標，B, m は定数，h はプランクの定数を示す．

　固体表面が無極性で電場のない表面の場合，その表面に対する無極性吸着質の吸着ポテンシャルは，(E_1+E_5) で表される．逆に電場のあるイオン結晶の表面へ

の吸着の場合，無極性吸着質のそれは $(E_1+E_2+E_4+E_5)$ で表され，また極性吸着質のときは $(E_1+E_2+E_3+E_4+E_5)$ となる．したがって，吸着ポテンシャルは，表面を構成する原子，イオン，分子の分極率やそれらによって引きおこされている表面電場に，そして吸着質分子の分極率，極性や四重極子の有無に強く依存する．これらの吸着特性を利用することにより，固体表面の極性サイト，酸・塩基などの量や，その強さ，分布などが，吸着科学的手法によって詳細に調べることができる．

4.2 吸着理論と吸着等温線

　吸着現象は，身近な日常生活において頻繁に利用されている．脱臭，防湿，乾燥用の吸着剤，あるいは浄水装置，洗濯における界面活性剤の働きなどは，吸着現象を利用している典型例であろう．また工業的には触媒反応に，また特定物質の吸着，分離，濃縮，除去などの単位操作などに広く利用されている．これらの吸着現象は自然におこる現象であるゆえ，吸着による自由エネルギー変化 (dG) は負である．この dG は次式で示される．

$$dG = dH - TdS \tag{4.6}$$

　いま，気体分子が固体表面に吸着する系で考えてみると，自由に運動していた気体分子が吸着によって固体表面上に束縛されるわけであるから，吸着によるエントロピー変化 dS は負となり，$-TdS$ の項は正となる．吸着が自然におこることは，吸着による自由エネルギー変化 dG は負の値である．したがって dH は負で，しかも $|dH|>|TdS|$ である必要がある．このことより吸着は発熱現象である．また吸着現象において重要な吸着量 V は，一定温度において吸着質気体の圧力，あるいは溶液中での吸着現象であれば吸着質の濃度との関係式，すなわち吸着等温式で表される（式(4.7)）．一方吸着量 V を，一定圧力下において温度を変化させたときの量として求めた場合，その関係は吸着等圧線とよばれ，式(4.8)で示される．一般に吸着現象の表示，あるいは解析には吸着等温線が利用されている．

$$V = f(P)_T \tag{4.7}$$

$$V = f(T)_P \tag{4.8}$$

図 4.1 各種タイプの吸着等温線

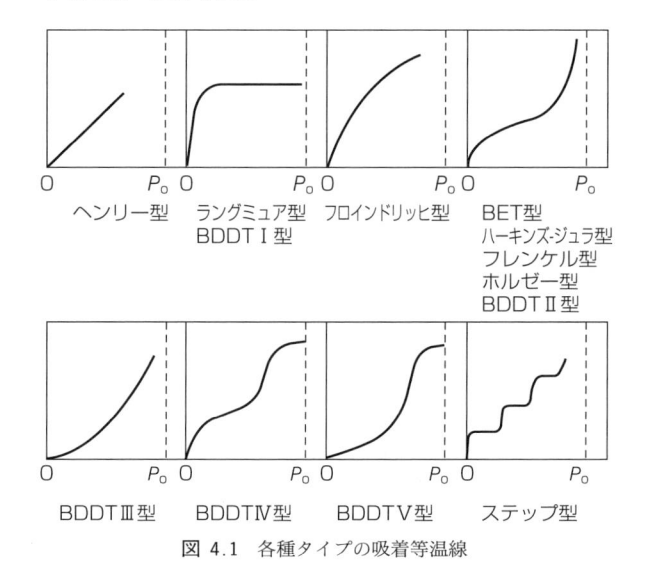

（ヘンリー型／ラングミュア型 BDDT I型／フロインドリッヒ型／BET型 ハーキンズ・ジュラ型 フレンケル型 ホルゼー型 BDDT II型／BDDT III型／BDDT IV型／BDDT V型／ステップ型）

吸着等温線のタイプは図4.1のように分類されている．

a． ヘンリー（Henry）の吸着等温式

吸着現象がヘンリー型の等温線で表されるとき，吸着量は次式で示されるように吸着質の圧力に比例する．

$$V = kP \tag{4.9}$$

どのようなタイプの等温線でも，極低圧で吸着量が単分子層吸着量の1〜2%以下の場合，等温線はヘンリー型等温線で表される．

b． ラングミュア（Langmuir）の吸着等温式

もっとも基本的な吸着等温線で，次の点が仮定され吸着等温式は理論的に導かれる．

（1） 固体表面は均一で，吸着質である分子や原子が吸着する場所（サイト）が決まっている．この吸着サイトはすべて同一な吸着エネルギーを有する．

（2） 吸着した分子，あるいは原子同士の間に相互作用は生じないものとする．

（3） 吸着サイトが吸着によって占有されると，もはや吸着能力はなくなり，二分子層以上の多分子層吸着（multilayer adsorption）はおこらない．

いま，吸着サイトの全量を N_t 個とし，その内の N_e 個のサイトに吸着がおこり，

吸着平衡状態になっているとする．このときの被覆率をθで表すと，θは次式で示される．

$$\theta = N_e/N_t \tag{4.10}$$

一方，未吸着表面の割合は$(1-\theta)$で表すことができる．したがって，吸着速度は未吸着表面に衝突した分子の数に吸着確率を乗じたものとなる．表面に衝突する分子の数は気体の分子運動論から圧力Pに比例するので吸着速度は次式で示される．

$$dV/dt = k_{ad}P(1-\theta) \tag{4.11}$$

一方脱離は，吸着している分子が吸着エネルギー以上のエネルギーをもったときにはじめておこるわけであるから，その脱離速度は被覆率θに比例する．

$$-dV/dt = k_d\theta \tag{4.12}$$

吸着平衡では，吸着速度と脱離速度は等しいので次式が成立する．

$$k_{ad}P(1-\theta) = k_d\theta \tag{4.13}$$

ここで被覆率θは，

$$\theta = N_e/N_t = V/V_m \tag{4.14}$$

である．V_mは単分子層吸着量（monolayer adsorption）を表し，Vは平衡圧Pにおける吸着量である．

したがって，式(4.13)は次のようになる．

$$k_{ad}P\{1-(V/V_m)\} = k_d(V/V_m) \tag{4.15}$$

この式を変形すると次式が導かれる．

$$V = \frac{k_{ad}PV_m}{k_d + k_{ad}P} = \frac{(k_{ad}/k_d)PV_m}{1+(k_{ad}/k_d)P} = \frac{aPV_m}{1+aP} \tag{4.16}$$

平衡圧Pが大きくなると吸着量はV_mに近づくことになる．すなわち単分子層吸着の完成である．

一方，Pが非常に小さいとき，式(4.16)は，$V = aPV_m$と簡略化され，ヘンリー型等温線とみなすことができる．

一般に化学吸着は，このタイプの等温線で表すことができる．その上への二分子層目の吸着，すなわち物理吸着は，測定温度が吸着質の沸点より高いとおこりにくい．しかしながら測定温度によっては化学吸着と物理吸着の両方がおこり得る．たとえば，酸化物に対する室温付近での水蒸気吸着などでは化学吸着と物理

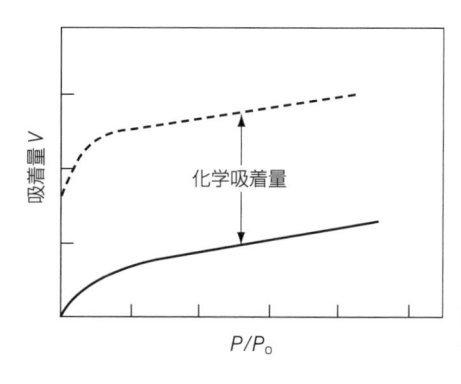

図 4.2 化学吸着と物理吸着
--- : 第1回目の測定, — : 第2回目の測定.

吸着が混在し，多分子層吸着の等温線が得られる．図4.2にその例を示す．第1回目の吸着等温線には，化学吸着量と物理吸着量が含まれている．測定後，物理吸着のみが除去できる条件で吸着質を脱離し，第2回目の吸着等温線を測定することによって物理吸着のみの等温線が求められる．これらの二つの等温線を比較することで化学吸着量と物理吸着量をそれぞれ分離して求めることができる．

吸着質分子 A_2 が解離して二つの吸着サイト 2B に次のように化学吸着する場合

$$A_2 + 2B \rightleftarrows 2AB \tag{4.17}$$

この化学平衡は次のようになる．

$$K = [N_e]^2 / \{[P][N_t - N_e]^2\} \tag{4.18}$$

ここで，N_t は吸着サイトの全量，N_e は平衡圧 P で吸着質が吸着しているサイト数を示す．

したがって $\sqrt{K}$ を a，N_t を V_m，N_e を V とすると上式は次のようになる．

$$V = \frac{a V_m \sqrt{P}}{1 + a\sqrt{P}} \tag{4.19}$$

金属表面への水素の解離吸着などの場合，等温式はこのタイプとなる．

c. BET の吸着等温式

ラングミュアの式を多分子層吸着まで発展させた式であり，次のようなことが仮定されている．

（1）固体表面は均一で，吸着サイトは同一の吸着エネルギーを有する．
（2）吸着した分子同士の間に相互作用は生じない．

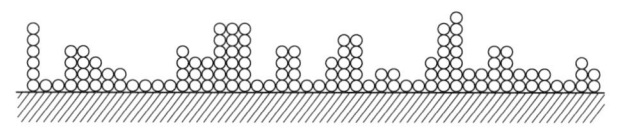

図 4.3 BET 吸着モデル（多分子層吸着モデル）

表 4.2 実験データプロット用に変形した各種等温式

等温線の型	等温式	等温線のタイプ決定のための実験データプロット用等温式
ヘンリー型	$V = k_H P$	$V = k_H P$
ラングミュア型	$V = \dfrac{V_m A P}{1 + A P}$	$\dfrac{P}{V} = \dfrac{1}{V_m A} + \dfrac{1}{V_m} P$
フロインドリッヒ型	$V = K_F P^{1/n}$	$\ln V = \ln K_F + \dfrac{1}{n} \ln P$
BET 型	$V = \dfrac{V_m C X}{(1-X)(1-X+CX)}$	$\dfrac{X}{V(1-X)} = \dfrac{1}{V_m C} + \dfrac{C-1}{V_m C} X$
ハーキンズ-ジュラ型 フレンケル型 ホルゼー型	$\ln X = \dfrac{D}{V^s}$ ($2 \leq s \leq 3$)	$\ln(\ln X) = \ln D - S \ln V$

（3）二分子層以上の吸着において，吸着熱は測定温度における吸着質の液化熱に等しい．

（4）第一層～第 n 層の各吸着層に対してラングミュアの吸着式が成立する．

（5）吸着質分子は多分子層に無限に吸着できる．

いま，平衡圧 P_e のもとで吸着平衡を考えると，多分子層吸着における吸着サイトは次のように考えられる．すなわち，第一層目の吸着分子が第二層目の吸着サイトとなり，第二層目の吸着分子が第三層目の吸着サイトとなる．これが順次繰り返されることにより多分子層が形成されていく．吸着モデルの概略を図 4.3 に示す．

以上のような吸着を仮定し，Burunauer, Emmett, Teller らは次の式を導いた．

$$V/V_m = \dfrac{C(P/P_0)}{[1-(P/P_0)] \cdot [1-(P/P_0)+C(P/P_0)]} \quad (4.20)$$

この式は BET の式とよばれ，物理吸着現象の整理によく用いられる．

d．フロインドリッヒの吸着等温式

吸着量が次式で示されるようなとき，等温線はフロインドリッヒ型等温線に分

類される．

$$V = aP^{1/n} \tag{4.21}$$

ここで，a および n は定数で，それらの値は吸着質や吸着剤の種類，吸着温度に依存する．実験的には $1<n<10$ となる例が多い．理論的には不均質表面に対する吸着現象を表す式で，吸着サイトに対する等量吸着熱が，$\ln V$ と直線関係にある場合，等温線はこの等温式で表される．

実験的に求めた吸着等温線が，いずれの吸着等温式で表されるのか整理しやすく変形した式を表4.2に示す．

e．フレンケル (Frenkel) の吸着等温式

二分子間に生じるファンデルワールス力ポテンシャルは，二分子間の距離 r の6乗に反比例する．いま，平滑な固体表面上に厚さ L の凝縮液体が存在し，その液膜上に吸着分子が凝縮していく過程を考えると，吸着分子に作用するポテンシャルエネルギーの総和は L^{-3} に比例することになる．また飽和蒸気圧 P_0 と平衡にある1 mol の液体を，P_0 より小さい圧力 P のもとで厚さ L の液膜の上に移すのに必要な仕事量は，次式で示される．

$$\Delta W = RT \ln(P/P_0) \tag{4.22}$$

またこの値は，吸着ポテンシャルエネルギーの総和に等しい．厚さ L なる液膜の量は，吸着量 V に比例するので次のフレンケルの式が導かれる．

$$RT \ln(P/P_0) = -A/V^3 \tag{4.23}$$

f．Dubinin-Radushkevitch の吸着ポテンシャル理論

細孔構造を有する多孔材料，たとえば活性炭，シリカゲルなどに対する吸着等温線は，しばしば Dubinin-Radushkevitch の式で整理されている．この式は吸着ポテンシャル理論に基づいて導かれており，吸着引力場を吸着可能な空間としている．吸着ポテンシャルとこの吸着空間（吸着量）の関係は特性曲線とよばれ，吸着剤に固有なものである．マイクロ細孔内への吸着は通常低圧領域でおきるので，等温線の低圧部での解析からマイクロ細孔容積を求めることができる．

圧力 P のもとにおける吸着ポテンシャル ε は，次式のように吸着の自由エネルギー変化で表される．

$$\varepsilon = RT \ln(P_0/P) \tag{4.24}$$

細孔内での吸着は，細孔壁面への多分子層吸着ではなく細孔内への容積充填と

みなし，圧力 P における充塡容積 W，飽和蒸気圧 P_0 における充塡容積を W_0 とすると，充塡容積の割合は W/W_0 で表され，それは ε の関数として表される．またある吸着質の吸着ポテンシャル ε に対する標準吸着質の吸着ポテンシャル ε_0 の比で表される親和係数 $\beta=\varepsilon/\varepsilon_0$ を導入すると次式が成立する．親和係数はいろいろな気体の特性曲線を1本の曲線に重ならせるためのシフト因子である．

$$W/W_0 = \exp\left[-\left(\frac{RT\ln(P_0/P)}{\beta\varepsilon_0}\right)^2\right] \qquad (4.25)$$

$$\ln W = \ln W_0 - D[\ln(P_0/P)]^2 \qquad (4.26)$$

$\ln W$ を $[\ln(P_0/P)]^2$ に対してプロットすると直線になり，縦軸との切片が $\ln W_0$ でこれよりマイクロポアの容積の総量が求められる．

4.3 吸着速度

平衡吸着量に到達する時間など，動的吸着の取扱いは，工場などにおける吸着による特定成分の分離，濃縮除去などの実際面において非常に重要である．

単位表面積あたりの吸着速度（rate of adsorption）を，等温，等圧で比較すると物理吸着と化学吸着とで大きく異なる．一般に平滑な固体表面に対する物理吸着速度は極めて速い．吸着速度がとくに速くなければ重量法による重量変化速度，定容法による圧力変化速度，あるいは定圧法による容積変化速度を測定することにより吸着速度を求めることは可能である．

化学吸着の吸着速度は多くの場合遅いが，物理吸着でも，微細孔などが存在すると気体の細孔内拡散が律速となり遅くなる．また圧力が高くなり毛管凝縮がおきるような条件下になった場合も吸着速度は遅くなる．吸着速度はこのように吸着剤となる固体表面の幾何学的な立体構造に，また比表面積が大きい場合吸着時に発生する熱の散逸などにも影響されるので，その詳細な検討は困難で報告例も比較的少ない．

吸着速度式の基本例としてラングミュアによって導かれた速度式を以下に示す．圧力一定下における正味の吸着速度は，吸着速度と脱着速度の差として示されるが，吸着平衡時には吸着速度と脱着速度が等しいことから次のように表される．

$$dV/dt = k_{ad}(V_m - V) - k_d V = (k_{ad} + k_d)(V_e - V) \tag{4.27}$$

ここで，k_{ad}は圧力一定下における吸着の速度定数（圧力の項も入っている），V_mは単分子層吸着量(飽和吸着量)，k_dは脱着の速度定数，Vは時間tにおける吸着量，V_eは平衡吸着量である．

したがって，時間t後における吸着量Vは次式で示される．

$$V = V_e(1 - e^{-(k_{ad}+k_d)t}) \tag{4.28}$$

または

$$\ln\{V_e/(V_e - V)\} = (k_{ad} + k_d)t \tag{4.29}$$

これらの式は，活性炭へのメタン，エタン，プロパン，あるいはアンモニアの吸着に適合するとされている．

4.4 液相吸着

吸着質が溶液内で固体表面に吸着する現象は，工学的に非常に重要である．物質の吸着，濃縮，分離，精製，浄水の高度処理，産業廃棄物の吸着除去などに，あるいは医療分野でも血液の透析などに応用されている．

液相吸着において，吸着に及ぼす温度や圧力の影響は，気相吸着の場合に比べて一般に小さい．吸着現象の表示や解析には吸着等温線が利用されるが，通常，ラングミュア，フロインドリッヒ，BET型の吸着等温式で解析されている．吸着質濃度が極めて希薄なとき，あるいは吸着の初期で被覆率が小さいときに認められる吸着現象は，ヘンリー型の吸着で吸着量は濃度に対して直線的に増加する．また固体表面と吸着質との間の相互作用がある程度大きい吸着現象はフロインドリッヒ，あるいはBET型の吸着等温式で表される．

液相における吸着現象の解析は気相吸着に準じて行うので，ここでは吸着等温式に関する記述は省略する（4.2節参照）．気相吸着の場合と異なり注意すべき重要な点は，液相吸着は固体表面に対する溶媒と吸着質との競争吸着であること，吸着質の溶媒への溶解度の違いが吸着量に大きな影響を与えることである．後者の点は，たとえば，吸着質の溶媒への溶解度が減少すると吸着量は増大する．これは次のように解釈される．種々の溶媒を用いて吸着を行った場合，吸着質が同一の濃度であっても，それぞれの溶媒中における飽和濃度C_0は違うので，C/C_0の

4 固体表面における吸着   117

表 4.3 吸着科学的手法による粉体および粉体表面の評価

測定項目	研究対象および内容
表面積	触媒,吸着剤,焼結,粉砕,粒度 反応(脱水,脱炭酸,複分解などの分解反応)
細孔分布	触媒,センサー,透過,分離,フィルター,焼結,充填構造,ガスクロマトグラフィー
化学的性質	触媒活性,酸・塩基(強弱,量,分布),反応性,官能基,親水性,疎水性,親油性,吸着熱,吸着量,表面電場
吸着状態	官能基,表面・界面現象
吸着層の状態	気体,液体,固体

値は当然異なる.この C/C_0 の値は気相吸着における相対圧 P/P_0 に相当し,溶解度が小さい溶媒ほど C/C_0 値は大きな値となる.したがって,吸着質に対し貧溶媒である溶媒中ほど吸着量は多くなる.

イオンの吸着においては,パネット-ファヤンスの規則がある.すなわち,吸着質イオンが固体表面中のイオンと不溶性塩をつくる場合,その吸着質イオンは表面に吸着される.これはコロイドが帯電する原因となる.また無機酸化物などの表面は解離して表面電荷を有しているので,吸着質イオンを交換吸着する.

4.5 物理吸着の応用

物理吸着は,吸着質分子と固体表面との相互作用の結果であり,その現象を解析することで表面に関する各種の評価が可能である.表4.3に解析可能な事項を示す.また頻繁に測定されている応用例として,固体の表面評価の基本となる表面積の測定および表面の幾何学的構造である細孔分布の測定をあげることができる.以下それらの点について述べる.

4.5.1 表面積の測定

固体の表面積は表面評価の基礎となる物性値である.すなわち吸着質の吸着量,表面の酸・塩基サイト量,官能基量,あるいは浸漬熱などの各種の評価は,単位表面積あたりで行われている.通常表面積は液体窒素温度において不活性ガスである窒素の単分子層吸着量と窒素分子の分子断面積の積から算出されている.この単分子層吸着量は,窒素分子の吸着が BET の多分子層吸着式に従っておこる

と仮定して求められている．一般に BET の式は，吸着質気体の相対圧(X)が，$0.05 < X < 0.35$ の範囲で成立する．

前述した BET の式(4.20)は，また次のようにかき直すことができる．

$$\frac{X}{V(1-X)} = \frac{1}{V_m C} + \frac{C-1}{V_m C} \times X \qquad (4.30)$$

（縦軸）　　（切片）　（勾配）（横軸）

ここで，V は相対圧 X における吸着量，V_m は単分子層吸着量，C は $\exp[(E_1-E_2)/RT]$，E_1 は吸着熱，E_2 は吸着質の液化熱である．

すなわち，この BET の式(4.30)に従って $X/\{V(1-X)\}$ と X との関係をプロットすれば，相対圧が $0.05 < X < 0.35$ の範囲で直線関係を示すことになる．このプロットは BET プロットとよばれている．したがって単分子層吸着量 V_m は次式のように BET プロットの直線の切片と勾配の和の逆数として求められる．

$$\frac{1}{V_m C} + \frac{C-1}{V_m C} = \frac{1}{V_m} \qquad (4.31)$$

単分子層吸着量 V_m が求められれば，試料の比表面積（specific surface area）は式(4.32)で計算される．

$$S = V_m N_A \sigma / W \qquad (4.32)$$

ここで，V_m は単分子層吸着量 (mol)，N_A はアボガドロ定数，σ は分子断面積，W は試料重量である．

式(4.32)中の分子断面積 σ は次式で計算される値である．

$$\sigma = f \left[\frac{M}{N_A d_T} \right]^{2/3} \qquad (4.33)$$

ここで，f はパッキング系数（通常 $f=1.091$），M は分子量，d_T は測定温度 T における吸着質液体の密度である．

上式の導出にあたっては，吸着質分子の形状は球形とし，その液体構造を面心立方最密充填構造の 12 配位とする．また吸着質は，固体表面上に二次元最密充填構造（六方最密充填構造）の 6 配位で吸着すると仮定している．表 4.4 に各種吸着質の測定温度における分子断面積の値を示す．

その他，表面積の評価法として，α_s 法がある．この方法は次項で述べる V-t プロット法と原理的には同じであるので，ここでの説明は省略する（次項参照）．

表 4.4 吸着分子の断面積（σ）の値

ガスの種類	温度/°C	飽和蒸気圧/mmHg[*1]	分子断面積/nm^2
N_2	−196	760	0.162
	−183	2700	0.170
Ar	−183	250	0.144
Kr	−196	3	0.185
Xe	−196		0.193
CO	−183	1900	0.163
CO_2	−78	1000	0.195
O_2	−183	760	0.146
CH_4	−183	82	0.160
NH_3	−36	660	0.129
$n\text{-}C_4H_{10}$	0	810	0.321
H_2O	25	24	0.108
CH_3OH	20		0.160
CCl_4	25		0.323
C_6H_6	20		0.360

[*1] 1 mmHg＝133.3 Pa.

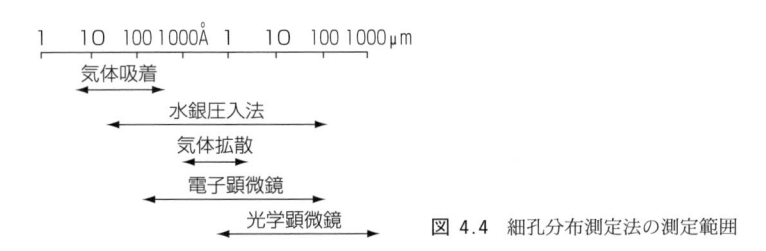

図 4.4 細孔分布測定法の測定範囲

4.5.2 細孔分布の測定

粉体の充塡層には種々の形状，大きさ，連続構造の異なった空げき，あるいはおのおのの粒子が有する孔，亀裂，窪や溝などが存在する．粉体の物理的・化学的特性である吸着，触媒作用，気体や液体の透過性，防音，伝熱・膨張・収縮，流動性，機械的強度，固体反応や焼結性などは，これら空げきや空孔の量的割合や，質的内容，すなわち大きさや形状，そして空げきや空孔の連続構造に大きく依存している．したがって，空げき，空孔の全量としての細孔容積，質的内容としての細孔分布の測定は，粉体が関与しているさまざまな現象を理解するうえで非常に重要である．各種の細孔分布測定法，そしてそれらによって評価可能な細

孔径の大きさを図 4.4 に示す. したがって測定にあたっては, 求めたい細孔径に有効な測定法を選択すべきである.

細孔分布を気体の吸着等温線から求める方法は, 基本的にはケルビンの毛管凝縮式を利用する. いま, 相対圧 X で円筒形細孔内に毛管凝縮がおこったと仮定する. このときすでに固体表面上では, 相対圧 X で厚み t の吸着層が形成され平衡になっていたはずである. したがって, 毛管凝縮がおこった円筒形細孔の半径 r_p は, 相対圧 X における吸着層の厚み t と毛管凝縮半径 r との和で求められる.

$$r_p = t + r \tag{4.34}$$

またケルビンの毛管凝縮式は次式で示される.

$$r = -\frac{2V\sigma\cos\theta}{RT\ln X} \tag{4.35}$$

ここで, V は吸着質のモル分子容, σ は毛管凝縮液体の表面張力, θ は細孔内の壁に対する毛管凝縮液体の接触角である.

細孔半径 r_p より大きな細孔では, 細孔内の壁に厚さ t の多分子層が形成されているだけである. 一方, r_p より小さい細孔半径の細孔内には毛管凝縮により吸着質が液体状態で満たされている. 相対圧が X より dX 増大して $X+dX$ になると, 細孔半径が r_p から r_p+dr までの細孔は新たに毛管凝縮により液体で満たされる. そして細孔半径が r_p+dr より大きな細孔では, 吸着層の厚みが t から $t+dt$ に増大することになる. 結局, 相対圧 X から $X+dX$ に変化したことによる吸着量の増加量は, 新たにおこった毛管凝縮による増加量と, 細孔半径が r_p+dr 以上

表 4.5 種々の相対圧 (X) 下における毛管凝縮半径 (r) と吸着層の厚み (t)

X	r/nm	t/nm	r_p/nm
0.931	13.6	1.36	15.0
0.902	9.3	1.24	10.5
0.850	5.9	1.10	7.0
0.809	4.5	1.02	5.5
0.764	3.6	0.946	4.5
0.696	2.6	0.861	3.5
0.646	2.2	0.809	3.0
0.578	1.8	0.748	2.5
0.484	1.3	0.674	2.0
0.423	1.1	0.630	1.7

の細孔内の吸着層の厚みが t から $t+dt$ に増大したことによる吸着量の増加量の和で表される．したがって，吸着等温線に現れるこれらの現象を数学的に処理することにより細孔分布が計算される．詳細な計算方法は成書や総説，解説があるのでそれらにゆずる．

一般に気体吸着による細孔分布の測定には不活性ガスである窒素ガスが用いられている．ある相対圧におけるケルビンの毛管凝縮半径 r，吸着層の厚み t，そして細孔半径 r_p との間の関係を表 4.5 に示す．ケルビンの毛管凝縮式中の表面張力

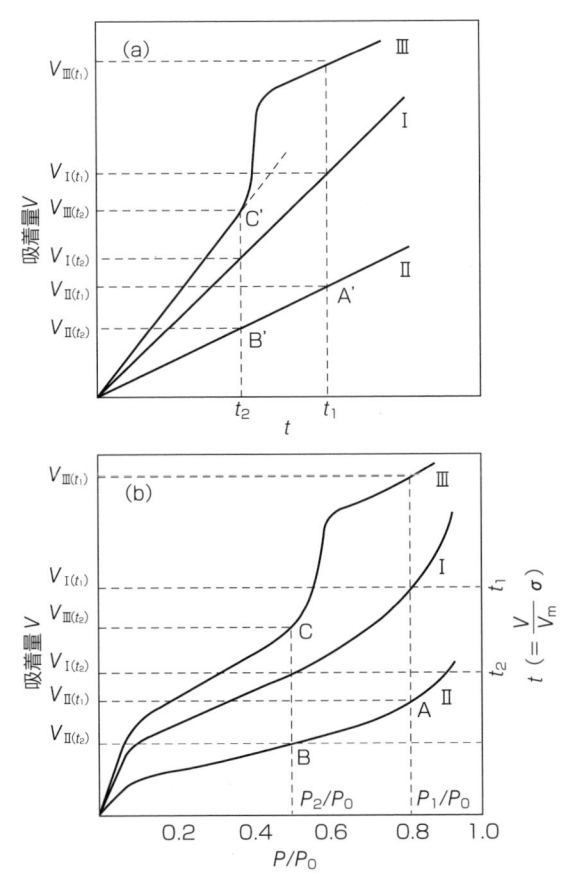

図 4.5 種々の吸着等温線 (b) とそれらの V–t プロット (a)
Ⅰ：標準となる吸着等温線，Ⅱ：Ⅰと同一の吸着性を示す表面，ただし表面積はⅠの半分，Ⅲ：細孔を有する試料．

の値は，測定温度における吸着質液体のバルクの値を用い，細孔内液体の細孔壁に対する接触角は通常 0°としている．種々の相対圧における吸着層の厚み t は，細孔のない同一組成の試料に対する吸着等温線より求めるべきであるが，それが不可能なとき，種々の試料に対する等温線の平均的等温線，すなわち標準吸着等温線 (universal isotherm) から厚み t は求められている．窒素吸着の場合，標準吸着等温線は関数化され利用されている．気体吸着による細孔分布の測定では，細孔径の小さい範囲が有利である．しかしながら，ケルビンの毛管凝縮式の成立が危ぶまれる半径 2 nm 以下のミクロ細孔の場合，その評価法として，$V-t$ プロット法が利用されている．

　$V-t$ プロット法は，測定した吸着等温線が基準とした標準等温線と同様に多分子層の吸着が順次おこっているかを調べるために，Lippens と de Boer によって考えだされた方法で，吸着量 V を吸着層の厚さ t に対してプロットしたものである．吸着層の厚み t は次式で表される．

$$t = (V/V_m)\delta \tag{4.36}$$

ここで，δ は単分子層の厚みを示す．

　窒素吸着の場合，吸着層中の 1 分子層の厚みとして，$\delta = 0.354$ nm が用いられている．標準吸着等温線の吸着量 V は，式(4.36)によって厚み t に換算されるので，標準等温線の $V-t$ プロットは，図 4.5(a)に示すように原点を通る直線となる．新しく測定した吸着等温線を，$V-t$ プロットに変換するときは，標準等温線を利用して測定相対圧 P/P_0 を t に換算する必要がある．すなわち，測定した吸着等温線(II)上の A 点（相対圧 P_1/P_0，吸着量 $V_{II(t_1)}$）の相対圧 P_1/P_0 に相当する吸着相の厚みは，標準等温線(I)の相対圧 P_1/P_0 における吸着相の厚み t_1 として求められる．図 4.5(b)の測定点 A は $V-t$ プロット上では A′点（吸着量 $V_{II(t_1)}$，t_1）としてプロットされ，B 点は B′点となる．測定した吸着等温線が標準等温線とただ表面積が異なるだけで，同様な吸着挙動をするのであれば，$V-t$ プロットは直線となり，直線の勾配の比が表面積の大きさの比を表すことになる．またミクロ細孔を有する試料では，ある相対圧，たとえば，C 点（P_2/P_0，吸着量 $V_{III(t_2)}$，吸着層の厚み t_2）で毛管凝縮が生じると，吸着量は凝縮量分だけ増加していくので $V-t$ プロットは図(a)に示すように C′点以上で直線から上方へ解離する．解離する厚み t_2 から細孔の大きさが，また解離の状態から細孔の容積が評価される．

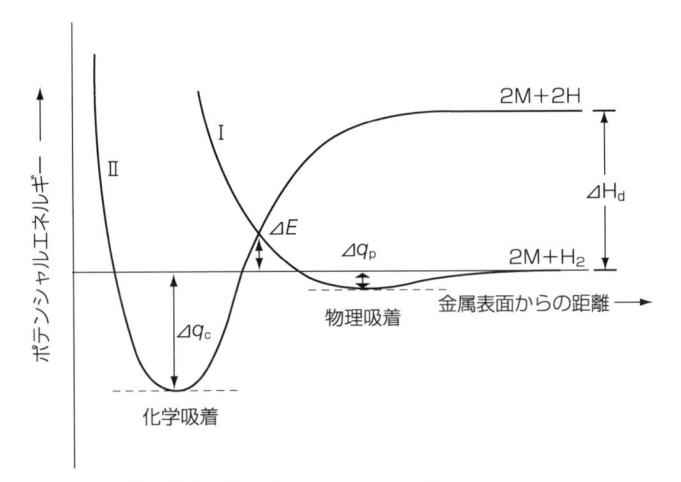

図 4.6 物理吸着と化学吸着のポテンシャルカーブ
Δq_c：化学吸着熱，Δq_p：物理吸着熱，ΔE：化学吸着の活性化エネルギー．

表 4.6 種々の金属・半金属の化学吸着特性

族	グループ	元素記号	ガ ス [*1]						
			O_2	C_2H_2	C_2H_4	CO	H_2	CO_2	N_2
II		Ca, Sr, Ba							
IV		Ti, Zr, Hf							
V	A	V, Nb, Ta	＋	＋	＋	＋	＋	＋	＋
IV		Cr, Mo, W							
VIII_1		Fe, Ru, Os							
$VIII_{2,3}$	B_1	Ni, Co	＋	＋	＋	＋	＋	＋	－
$VIII_{2,3}$	B_2	Rh, Pd, Pt, Ir	＋	＋	＋	＋	＋	－	－
VII, I	B_3	Mn, Cu	＋	＋	＋	＋	±	－	－
III, I	C	Al, Au	＋	＋	＋				
I	D	Li, Na, K	＋	＋					
II, I, III, IV, V	E	Ma, Ag, Zn, Cd In, Si, Ge, Sn Pb, As, Sb, Bi	＋	－					

[*1] ＋：吸着する，－：吸着しない，±：吸着しても弱いかあるいは条件による．
[田丸謙二編，"表面の科学―理論・実験・触媒科学への応用"，学会出版センター (1985), p. 248]

4.6 化学吸着

　化学工業における合成反応は触媒反応であり，また多くの場合固体触媒が利用されている．固体触媒反応では，反応物質が触媒表面に吸着し，反応活性な状態に変化している．また化学吸着 (chemisorption) は，化学結合を伴った吸着なので，吸着質分子と固体表面との組合せに大きく影響される．すなわち，選択性が非常に大きい．

　図4.6に金属表面に対する水素の物理吸着と化学吸着のポテンシャルカーブの概略を示す．カーブⅠは物理吸着の過程を示している．水素分子を遠方から金属表面に近づけていくと，吸着ポテンシャルが徐々に生じ，さらに近づけると反発の相互作用ポテンシャルが発生する．したがって，吸着ポテンシャルの最小値が発生する．この最小値のエネルギーが物理吸着のポテンシャル (Δq_p) である．一方カーブⅡは解離した水素原子の化学吸着の過程を示している．ΔH_d は水素分子の解離エンタルピーを示す．水素分子の化学吸着は，まず水素分子が物理吸着過程の道筋，すなわちカーブⅠにそって進み，活性化エネルギー (ΔE) を獲得してカーブⅡに移行し，解離吸着がおこる．Δq_c は化学吸着のポテンシャルを示す．表4.6に種々の金属に対する各種分子の解離吸着のしやすさを示す．

4.7　固体表面の酸・塩基性

4.7.1　酸・塩基性の定義

　固体表面上の酸・塩基性は，吸着や触媒反応ばかりでなく，表面とほかの物質との間のぬれ性，なじみなどにも密接に関係しており，表面化学的には重要な性質である．固体表面上の特定サイトの酸・塩基の定義に，ブレンステッドの定義とルイスの定義とがある．ブレンステッドの定義は，特定サイトにおいてプロトンの移動が伴っている場合に定義される．たとえば，固体表面上で次のような反応がおこった場合，表面サイト (SH) は，ブレンステッドの酸サイトおよび塩基サイトと定義される．

$$SH + A \longrightarrow S^- + AH^+ \tag{4.37}$$

$$SH + BH \longrightarrow SH_2^+ + B^- \tag{4.38}$$

すなわち，式(4.37)の場合，表面上の特定サイト SH は，反応物質 A に対し H^+ を供与しているので酸として働き，逆に式(4.38)では，反応物質 BH から H^+ を受容しているので，塩基として働いていることになる．

一方ルイスの定義は，特定サイトにおいて電子対の受容，あるいは供与があった場合に定義されるものである．表面上の特定サイトがルイス酸として働くとき，表面サイトは反応物質から電子対を受けとっており，また逆に表面サイトが反応物質に電子対を与えているとき，そのサイトはルイス塩基と定義される．

4.7.2 酸・塩基の定量的表現

固体表面の化学的性質の一つである酸・塩基性の定量的表現として，強さ，量，タイプの3点が重要である．以下それらについて順次述べる．

a．溶液の酸・塩基の強さ

溶液中での酸・塩基性の強度は，一般に H_a，H_b 関数で定量的に表されている．塩基 B が水溶液中で次式のように H^+ と結合する場合を考える．

$$B + H^+ \rightleftarrows BH^+ \tag{4.39}$$

BH^+ は塩基 B の共役酸で，その解離定数 K_{BH^+} は次式で与えられる．

$$K_{BH^+} = [B][H^+]/[BH^+] \tag{4.40}$$

いま，ある溶媒の酸強度を求めたいときは，次のような手順でそれを決定する．目的の溶媒中にこの塩基 B を入れたとき，ただ溶解したのみで何も変化していない塩基 B の濃度を C_B，溶媒から H^+ を受容し新しく生じた共役酸 BH^+ の濃度を C_{BH^+} とする．このとき目的の溶媒の酸強度は，次式で定義される H_a で表される．

$$H_a = pK_{BH^+} - \log(C_{BH^+}/C_B) \tag{4.41}$$

ここで，$pK_{BH^+} = -\log K_{BH^+}$ である．したがって求めたい溶媒の酸強度 H_a は，溶媒中に塩基 B を投入したとき，塩基 B の濃度 C_B と，共役酸 BH^+ の濃度 C_{BH^+} とを測定し，それらの値を式(4.41)に代入することによって算出される．塩基を種々変えていったとき，ある塩基 B′を溶媒中に投入溶解させたとき，塩基 B′の半分が共役酸 B′H^+ になったと仮定する．したがって，$C_{B'H^+} = C_{B'}$ となり，溶媒の酸強度 H_a は，次式のように単純な式となる．

$$H_a = pK_{B'H^+} \tag{4.42}$$

この場合,溶媒の酸強度 H_a は,塩基 B′の共役酸 B′H$^+$ の p$K_{B'H^+}$ で表され,溶媒中に塩基 B′を投入したとき,塩基 B′の半分の量を共役酸 B′H$^+$ に変化させることができる酸強度となる.溶媒の酸強度の大小は,この H_a 値で表され,H_a が小さい値ほど酸強度は大きい.

塩基強度を表す H_b 関数も酸強度関数と同様に,次のように定義される.いま,ある溶媒の塩基強度を求めたいとする.水溶液中で荷電をもたない酸 BH が式(4.43)のように解離して H$^+$ を放出する.

$$BH \rightleftarrows B^- + H^+ \qquad (4.43)$$

この BH を,塩基強度未知の溶媒中に入れたとき,解離していない BH の濃度を C_{BH},解離した B$^-$ の濃度を C_{B^-} とすると,その溶媒の塩基強度は次式で定義される H_b で表される.

$$H_b = pK_{BH} - \log(C_{BH}/C_{B^-}) \qquad (4.44)$$

いま,ある特定の酸 B′H を溶媒中に投入したとき,その半分の量の酸が共役塩基 B′$^-$ になったと仮定する.すなわち $C_{B'H} = C_{B'^-}$ であるので,式(4.44)は次式のようになり,溶媒の塩基強度 H_b は,酸 B′H の p$K_{B'H}$ で表される.

$$H_b = pK_{B'H} \qquad (4.45)$$

この場合,溶媒の塩基強度 H_b は,溶媒中に酸 B′H を投入したとき,酸 B′H の半分を共役塩基 B′$^-$ に変化させることができる塩基強度ということになる.溶媒の塩基強度の大小は,この H_b 値で表され,H_b が大きい値ほど塩基強度は大きい.

b. 固体表面の酸・塩基の強さ

固体表面の酸・塩基サイトの強度は,溶媒の酸・塩基強度の評価に使われている H_a および H_b を用いて表される.たとえば酸強度を調べる塩基指示薬 B を固体表面の酸点に吸着させたとき,表面上の酸点によって指示薬の一部はプロトン化される.いま,ある指示薬 B′を用い酸点に吸着させたとき,プロトン化された指示薬 B′H$^+$ の濃度 $C_{B'H^+}$ が,ちょうどプロトン化されていない指示薬 B′の濃度 $C_{B'}$ と等しい場合を考えると,式(4.41)から明らかなように,このとき固体酸点の酸強度 H_a は,用いた指示薬 B′の共役酸である (B′H$^+$) の p$K_{B'H^+}$ で表される.すなわちこの固体酸点は,吸着した塩基指示薬 B′の半分をプロトン化し共役酸に変えることのできる能力,あるいは吸着した塩基指示薬 B′の半分から電子対を受けとることのできる能力を有している.酸点の強度が,これよりさらに強ければ,吸

着した塩基指示薬 B′のすべてがプロトン化され，あるいは電子対を受けとり，逆に酸強度がこれより弱ければ，指示薬はプロトン化，あるいは電子対の授受がまったく行われずに，指示薬 B′はそのままの状態で吸着していることになる．

固体表面サイトの塩基強度の測定は，酸強度測定と同様に行うことができる．すなわち塩基強度を調べる指示薬 BH を固体表面サイトに吸着させたとき，指示薬 BH の一部は塩基点により H^+ が引き抜かれ B^- の状態となる．B^- の濃度 C_{B^-} と，H^+ が引き抜かれていない酸性物質 BH の濃度 C_{BH} が等しいとき，そのサイトの塩基強度 H_b は，指示薬 BH の pK_{BH} の値で表される．

c． 固体表面の酸・塩基の強さの測定

表面化学的に重要な固体表面上の酸・塩基特性は，触媒，吸着剤，顔料，充塡剤などの粉体表面において調べられている．ここでは粉体表面上の酸・塩基強度の測定について述べる．また酸・塩基強度の測定は，いずれの場合でも同様な方法で行えるので，固体酸の強度測定についてのみ述べる．測定原理は，測定に用いた指示薬が酸点により酸型（BH^+）に変化すると，変色したり，UV スペクトルに変化が生じる．このことを利用し，酸点の強さおよび酸量の評価ができる．

実際の測定においては，表面の酸・塩基性に対する影響が少ない無極性炭化水素を試料粉体の分散媒として用いる．溶媒中に粉体試料を分散させた系に塩基性指示薬を投入し，吸着した指示薬の変色の有無を検討し評価する．投入された塩基性指示薬は，吸着平衡においては表面の強い酸点から順に吸着していると仮定すると，指示薬の共役酸が示す pK_a より強い酸点に吸着した指示薬は酸型に変化し，変色することになる．

いま，各種塩基指示薬の共役酸の pK_a 値をそれぞれ b, c, d, e ……（$b<c<d<e$）とする．無極性溶媒中に試料粉体を分散させた系に $pK_a=b$ の指示薬を加えると，指示薬は酸点に吸着するが，酸型に変化しなかったとする．この場合，試料粉体は着色しない．次に $pK_a=c$ の指示薬を加えたとき，粉体が着色し，指示薬が酸点により酸型に変化したとする．したがって，試料粉体の表面酸点の強度 H_a 値は，b と c の間にあることになる．

塩基性指示薬は，吸着平衡のもとでは表面の強い酸点から順に吸着していると考えられる．したがって各種指示薬を用い，指示薬の着色現象を観察しながら酸強度を決定することができる．表 4.7，4.8 に酸・塩基性を調べるためのそれぞれ

表 4.7　固体表面の酸性質測定用の指示薬

指示薬	塩基性色	酸性色	pK_{BH^+}*1	H_2SO_4 wt%*2
ニュートラルレッド	黄	赤	+6.8	8×10^{-8}
メチルレッド	黄	赤	+4.8	—
フェニルアゾナフチルアミン	黄	赤	+4.0	5×10^{-5}
p-ジメチルアミノアゾベンゼン	黄	赤	+3.3	3×10^{-4}
2-アミノ-5-アゾトルエン	黄	赤	+2.0	0.005
ベンゼンアゾジフェニルアミン	黄	紫	+1.5	0.02
4-ジメチルアミノアゾ-1-ナフタレン	黄	赤	+1.2	0.03
クリスタルバイオレット	青	黄	+0.8	0.1
p-ニトロベンゼンアゾ-(p'-ニトロ)-ジフェニルアミン	橙	紫	+0.43	
ジシンナマルアセトン	黄	赤	−3.0	48
ベンザルアセトフェノン	無色	黄	−5.6	71
アントラキノン	無色	黄	−8.2	90
p-ニトロトルエン	290 nm*3	350 nm*3	−10.5	99.9
2,4-ジニトロトルエン	255 nm*3	320 nm*3	−12.8	106

*1 K_{BH^+}：塩基の共役酸の解離定数．
　 p$K_{BH^+}=-\log K_{BH^+}$．
*2 pK_{BH^+}値に相当するH_aを与える硫酸濃度（wt%）．
*3 固体表面上に吸着されたときの最高吸収波長．

表 4.8　固体表面の塩基性質測定用の指示薬

指示薬	酸性色	塩基性色	pK_{BH}
ブロモチモールブルー	黄	青	7.2
フェノールフタレイン	無色	桃	9.3
2,4,6-トリニトロアニリン	黄	赤橙	12.2
2,4-ジニトロアニリン	黄	紫	15.0
4-クロロ-2-ニトロアニリン	黄	橙	17.2
4-ニトロアニリン	黄	橙	18.4
4-クロロアニリン	無色	桃	26.5

の指示薬を示す．

d． 酸・塩基サイトの定量

　指示薬が固体酸点に吸着して酸型になり，変色する点を利用した酸点の定量例を次に示す．指示薬であるp-ジメチルアミノアゾベンゼン（p-dimethylaminoazobenzene）（黄色）は固体酸点に吸着して次式のような酸型の赤色に変色する．

$$\text{C}_6\text{H}_5-\text{N}=\text{N}-\text{C}_6\text{H}_4-\text{N}(\text{CH}_3)_2 + \text{acid} \rightleftarrows \text{C}_6\text{H}_5-\underset{\underset{\text{acid}}{|}}{\text{N}}-\text{N}=\text{C}_6\text{H}_4=\text{N}^+(\text{CH}_3)_2$$

指示薬黄色 　　　　　　　　固体酸　　　　　　　　　　　指示薬・acid

p-ジメチルアミノアゾベンゼン　　　　　　　　　　　　　指示薬赤色に変色

　次に指示薬より強い塩基性分子である n-ブチルアミンを滴下すると，酸点に吸着している酸型の指示薬は，次式に示すように n-ブチルアミンによって交換され，指示薬は元の黄色にもどる．

$$\text{C}_6\text{H}_5-\underset{\underset{\text{acid}}{|}}{\text{N}}-\text{N}=\text{C}_6\text{H}_4=\text{N}^+(\text{CH}_3)_2 + \text{C}_4\text{H}_9\text{NH}_2 \rightleftarrows \text{C}_6\text{H}_5-\text{N}=\text{N}-\text{C}_6\text{H}_4-\text{N}^+(\text{CH}_3)_2 + \text{C}_4\text{H}_9\text{NH}_2\cdot\text{acid}$$

指示薬・acid　　　　n-ブチルアミン　　　　指示薬の黄色　　固体酸・n-ブチルアミン

　用いた指示薬の塩基性の強弱の違いから固体酸点の酸強度の差異が調べられ，また酸型に変色した色を消色させるのに必要な n-ブチルアミンの滴下量からその酸強度を有する酸量が求められる．ただし，n-ブチルアミンによる交換吸着は，強い酸点から順におこるものと仮定する．そのための平衡吸着には一般に時間を要する．酸点がブレンステッド酸点，ルイス酸点のいずれの場合であっても，塩基性指示薬はそれらと反応して酸型の結合をつくって変色したり，UV スペクトルに変化が生じる．この点を利用して酸点の強度や n-ブチルアミンの交換吸着の終点が測定される．固体表面の塩基性評価の場合も，用いる指示薬が異なるだけで，酸点の評価と同様な手法で行うことができる．

　一般に固体表面上の酸・塩基性の強度は広い範囲にわたって分布している．したがって固体表面の酸・塩基性を定量的，かつ詳細に評価するには，それらの強度およびそれぞれの強度における酸・塩基サイトの量，すなわち酸・塩基の強度分布を精密に測定する必要がある．酸および塩基の強度分布の測定は，いずれの場合でも同様の手法で行えるので，ここでは一例として酸強度分布の測定について述べる．

　試料粉体の分散媒として，表面の酸・塩基性に対して影響が少ないと考えられる無極性炭化水素を用いる．溶媒中に粉体試料を分散させた系に pK_{BH^+} 値が H_a で

ある塩基性指示薬を投入吸着させたとき，塩基性指示薬がプロトン化され，変色したと仮定する．このとき，指示薬の $H_a = pK_{BH^+}$ よりも強い酸点が粉体表面に存在していることになる．それらの酸点の量は，n-ブチルアミンなどの指示薬より強い塩基性分子をこの分散液に少量ずつ滴下し，粉体表面上の酸型の指示薬と n-ブチルアミンとを交換吸着させることによって測定される．すなわち，プロトン化された指示薬の着色が交換吸着によって消色するので，それに要した n-ブチルアミンの量をもって酸量とする．H_a 値が b および c ($b<c$) である 2 種類の指示薬を用い，それぞれの指示薬の酸型着色が消失するまでに要した n-ブチルアミン量がそれぞれ M_b，M_c とすると，酸強度が b から c の間の酸点の量は $(M_c - M_b)$ で求められる．これらの操作を順次繰り返すことにより酸点の強度分布は測定される．したがって，用いたハメット指示薬の H_a 値の間隔で酸強度分布の評価ができる．一方固体表面の塩基量の測定には，滴定試薬として安息香酸が用いられている．

これらの指示薬を用いた湿式法による酸強度分布の測定方法には，交換吸着平衡に長時間を要すること，有色粉体では指示薬による着色の有無の判定が困難なこと，また溶媒中の水分の影響が酸強度の強い領域，たとえば水と同程度の塩基性指示薬を用いた領域の測定で生じるなどの各種の問題点が指摘されている．

その他の酸・塩基の強さや量の測定方法としてガス吸着法がある．表面酸強度分布の測定であれば，特定の塩基性分子を吸着させ，そののち試料温度を上昇させ，吸着分子の脱離挙動，すなわち脱離温度の差異から酸強度の違いを，脱離量から酸量を評価できる．たとえば高温で塩基性吸着分子が脱離する吸着サイトほど酸強度は強く，そのサイト量は脱離量から求められる．さらに塩基強度の異なる吸着質，たとえば n-ブチルアミン，アンモニア，ピリジン，チアゾールなどをそれぞれまず最初に吸着させ，次にそれらの昇温脱離挙動を比較検討することにより表面の塩基強度やその分布に関する詳細な知見を得ることが可能である．ガス吸着法は，実際の反応条件に近い高温状態での酸・塩基特性の評価が可能である点に特徴がある．また塩基性分子，酸性分子の吸着熱を測定して酸・塩基強度を求める方法もある．

(a) (PyH)　(b) (PyL)　(c) (PyB)

酸化物表面上に吸着したピリジン

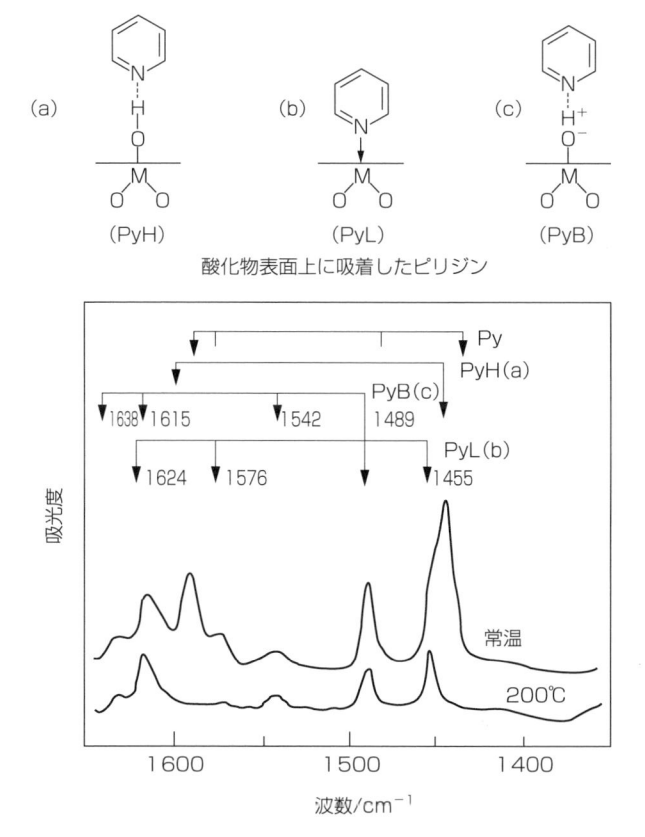

図 4.7 800℃で前処理したシリカ-アルミナに吸着したピリジンの赤外吸収スペクトル
(a) 水素結合を形成したピリジン
(b) ルイス酸点に結合したピリジン
(c) ブレンステッド酸点に結合したピリジン

4.7.3　酸点の質の違い（ブレンステッド酸点・ルイス酸点）

　固体表面上のブレンステッド酸点，ルイス酸点などのタイプの差異は，その反応特性である触媒機能においても違いがあり，この点に関する評価は重要である．指示薬を用いて測定される酸強度や酸量は，ブレンステッド酸点，ルイス酸点を区別せず両者を含めて評価されている．通常両者の区別は赤外分光法で行われる．ピリジンが酸点に吸着すると，酸点の質の違いによりピリジン環の面内振動に由

表 4.9　固体酸に吸着したピリジンの赤外吸収バンド[*1]
（1 400～1 700 cm^{-1}域）

水素結合ピリジン	配位結合ピリジン	ピリジニウムイオン
1 400～1 447 (VS)	1 437～1 465 (VS)	
1 480～1 490 (W)	1 471～1 503 (W～S)	1 478～1 500 (VS)
		1 525～1 542 (S)
1 580～1 600 (S)	1 562～1 580 (W)	
	1 592～1 633 (S)	1 600～1 620 (S)
		1 634～1 640 (S)

[*1] VS：非常に強い，S：強い，W：弱い（吸収バンド強度）．

来する 1 700～1 400 cm^{-1} 領域の赤外吸収バンドに変化が生じる．すなわち，ピリジンが水素結合しているか，配位結合か，プロトン和しているかにより赤外吸収バンドに著しい違いが生じる．図 4.7 にその例を示す．図(a)は水素結合したピリジン，図(b)はルイス酸点に配位吸着したピリジン，図(c)はブレンステッド酸点に吸着したピリジンの各赤外吸収スペクトルを示している．表 4.9 に 1 700～1 400 cm^{-1} 領域におけるピリジン化学種の特徴的赤外吸収バンドを示す．また吸着アンモニアの赤外吸収スペクトルによっても酸点の型の識別は可能である．H—N—H の変角振動の吸収が，アンモニウムイオン NH_4^+ と配位アンモニアとではそれぞれ 1 400 と 1 620 cm^{-1} 付近の異なった位置に現れるからである．前者がブレンステッド酸点であり，後者はルイス酸点に相当する．

4.8　固体表面の酸化・還元性

　酸化物粉体の酸化・還元的性質は触媒反応に利用されている．たとえば酸化反応における触媒の活性は，酸素分子の解離吸着の安定性に密接に関係している．一例としてプロピレンの酸化反応における各種酸化物の触媒活性度を図 4.8 に示す．プロピレンの酸化の機構は，まず最初に酸化物表面上で酸素の解離吸着がおこり，その解離した活性酸素がプロピレンに供与され酸化反応が進行する．すなわち解離吸着と，酸化反応の 2 段階反応である．したがって，触媒となる酸化物の種類によって，酸素の解離吸着が律速になる場合と，その後の酸化反応が律速になる場合とが考えられる．図 4.8 の横軸は，それぞれの酸化物における酸素 1 原子あたりの生成エネルギー ΔH_f を示す．すなわち，この値が大きい酸化物ほど酸素原子との結合が強いので，酸素分子はすばやく酸化物表面に解離吸着するが，表

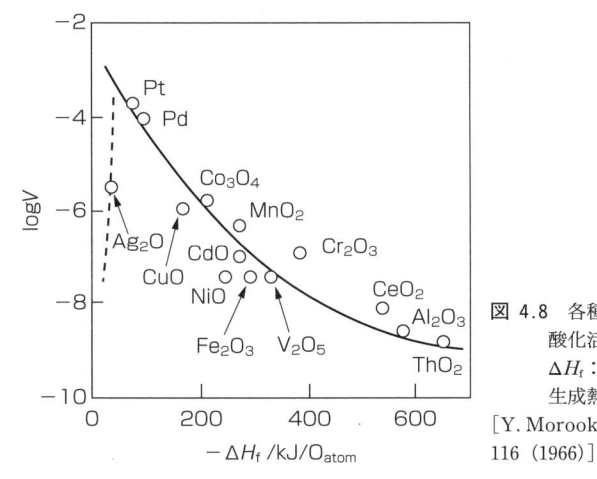

図 4.8 各種金属酸化物のプロピレンの酸化活性と ΔH_f の関係
ΔH_f：酸化物の酸素原子あたりの生成熱.
[Y. Morooka and A. Ozaki, *J. Catal.*, 5, 116 (1966)]

面原子との結合が強いため，解離吸着した酸素原子の供与性，すなわち酸化反応の活性は逆に小さくなる．この場合，酸化反応が律速となるであろう．一方，酸素原子1個あたりの生成熱が小さい酸化物の場合，表面原子と酸素原子の結合強度が小さいので，酸素の解離吸着速度は逆に小さいが，解離吸着した酸素原子は安定性が低く，プロピレンに対する酸素の供与性は大きく酸化反応の活性は高くなる．すなわち，酸素の解離吸着が反応律速になると考えられる．したがって図4.8に示すようにプロピレンの酸化反応において，酸化物の触媒活性は上に凸型のカーブとなり極大値が現れ，最適な酸化物が存在することになる．

一方，還元作用は Al_2O_3 や CaO, MgO において認められ，酸化物粉体より吸着質に電子1個を供与し，アニオンラジカルを形成する．

演習問題

4.1 $1\,000\text{ m}^2\text{ g}^{-1}$ の活性炭がある．いま表面がすべて窒素分子で覆われたとする．吸着量を標準状態で示せ．窒素の分子断面積は 0.162 nm^2 とする．

4.2 分子半径が 0.15 nm の球形分子が，固体表面上で六配位の二次元密充填構造で吸着したとき，分子が表面上で占有する面積（分子断面積）を求めよ．

4.3 次の表は 273 K における活性炭への CO 吸着の測定結果とする．この吸着現象がラングミュアの吸着等温式で表されることを確かめ，飽和吸着量を求めよ．

P/kPa	5	10	20	30	40	50	60	70	80	90
吸着量 V（標準状態気体量，mL STP）	1.16	2.16	3.81	5.11	6.15	7.02	7.74	8.36	8.89	9.35

5 コロイド分散系

・固体の微粒子分散系の生成や安定化機構を学ぶ.
・エマルションや泡の生成や安定化に対する界面活性剤の役割を学び,その溶液物性を理解する.

5.1 コロイドの生成

5.1.1 コロイドの定義と分類

コロイド,あるいはコロイド系とよばれるものは,コロイド粒子と媒質から成り立っている.コロイド粒子は固体,液体,気体のいずれの状態でもよいが,その大きさの範囲は大体 1 nm〜1 μm である.コロイドはその構造や存在状態から表 5.1 のように分類されている.またコロイド粒子の形状によって次のような分

表 5.1 コロイドの分類

コロイド分散系	分散コロイド	疎液コロイド	不安定系
会合コロイド	ミセルコロイド	親液コロイド	安定系
高分子溶液	分子コロイド	親液コロイド	安定系

[日本化学会編,"コロイド科学 I 基礎および分散・吸着",東京化学同人 (1995), p.5]

表 5.2 コロイドの具体例

名　称	分散媒	分散質	具体例
エーロゾル	気相	液相,固相	霧,煙
泡	液相	気相	
エマルション	液相	液相	牛乳,マヨネーズ
サスペンション	液相	固体	泥水
固体コロイド	固体	気相,液相,固相	オパール

[日本化学会編,"コロイド科学 I 基礎および分散・吸着",東京化学同人 (1995), p.5；北原文雄,"界面・コロイド化学の基礎",講談社 (1994), p.3 より]

類もされている．コロイドの一次元方向の大きさが 1 nm～1 μm の範囲であれば一次元コロイド，すなわち薄膜であり，二次元方向の場合は二次元コロイドで繊維状物質，三次元のときは三次元コロイドで通常の微粒子である．さらにコロイド粒子と分散媒の組合せから種々の名称でコロイドは分類されている．表 5.2 にその具体例を示す．コロイド粒子が分散し流動性を示す場合ゾルといい，コロイド粒子が接触しあって流動性を失った場合ゲルという．

5.1.2 コロイド粒子の生成

コロイド粒子として固体，液体，気体が考えられるが，ここでは固体のコロイド粒子，すなわち粉体の作製法について述べる．作製法は大きく分けて二つに分類できる．一つは固体を機械的操作で細分化していく方法であり，分散法(break down 法)とよばれている．他方は分子，原子，イオンなどを集合させコロイド粒子を作製する方法で，凝集法（build up 法）とよばれている．前者の方法には，乾式法と湿式法とがあるが，湿式法では分散剤を添加することにより一層微細な粉体を作製することができる．一般に固体が細分化され，微粒化するにしたがって付着凝集性が増加するので，分散法によって数 μm 以下の粉体粒子を得ることは困難である．しかし最近では媒体かくはん型粉砕機，衝撃粉砕機など，特殊な方法や環境下で粉砕することによりサブミクロン領域まで粉砕可能な各種の装置が開発されている．通常分散法で得られた粉体の粒度分布は広く，形状は不均一である．一方，後者の凝集法で粉体粒子を作製した場合，機械的細分化，すなわち分散法に比べて得られる粉体の粒度分布はせまく，形状の均一度は高い．粉体作製時の各種条件を制御することにより粒度分布が一層単分散で，形状の整った微粉体が得られる．通常 1 μm 以下の微粒子はこの方法によって作製される．

一般に溶液から粉体が析出する過程は次のように進行すると考えられる．

$$\text{溶液} \rightleftarrows \text{過飽和状態} \rightleftarrows \text{核生成} \rightleftarrows \text{成長} \rightleftarrows \text{粉体粒子}$$

水溶液からの粉体粒子が析出する現象は，溶解している分子の凝集，あるいは溶液中の陰陽両イオンの結合そして集合化によって引きおこされる．したがって分子の溶解度やイオンの溶解度積が粉体の析出に重要な意味をもつ．

いま，溶液中に溶解している分子の濃度が飽和溶液の濃度以上になり，分子が凝集して粒子を生成する系を考えてみる．n 個の分子で構成されたクラスター(幼

核）が次のような反応によって形成されたとする．

$$nM \longrightarrow M_n \tag{5.1}$$

n 分子で構成されたクラスターが1個形成されたときの自由エネルギー変化 ΔG は次式で示される．

$$\Delta G = G - n\mu \tag{5.2}$$

ここで，G は n 分子で構成したクラスター1個の自由エネルギー，μ は過飽和溶液中における分子1個の化学ポテンシャルである．

またバルク固相中の分子1個の自由エネルギーを g_b，単位面積あたりの表面自由エネルギーを γ，クラスター1個の表面積を S とすると，S は粒子の形状に左右されるが（$n^{2/3}$）に比例するので，G は次式で示される．

$$G = ng_b + \gamma S = ng_b + \gamma K n^{2/3} \tag{5.3}$$

ここで，K は粉体粒子の形状因子である．一般に沈殿法で粉体粒子が作製される場合，粒子の溶解度が小さい希薄溶液の系である．そのようなとき分子1個の化学ポテンシャル μ は溶液中の分子のモル分率を x とすると次式で示される．

$$\mu = \mu_0 + kT \ln x \tag{5.4}$$

ここで，μ_0 は分子の標準化学ポテンシャル，k はボルツマン定数である．またバルク固相中の分子1個の自由エネルギー g_b は，飽和溶液中の分子1個の化学ポテンシャル μ_b に等しく，それは次式で示される．

$$\mu_b = \mu_0 + kT \ln x_{sat} \tag{5.5}$$

ここで x_{sat} は飽和溶液中の分子のモル分率である．したがって式(5.2)は次のようにかき換えられる．

$$\begin{aligned}\Delta G &= (ng_b + \gamma K n^{2/3}) - n\mu = (n\mu_b + \gamma K n^{2/3}) - n\mu \\ &= n(\mu_0 + kT \ln x_{sat}) + \gamma K n^{2/3} - n(\mu_0 + kT \ln x) \\ &= -nkT \ln(x/x_{sat}) + \gamma K n^{2/3}\end{aligned} \tag{5.6}$$

ここで，x は過飽和濃度におけるモル分率であり，式中の x/x_{sat} は過飽和度 (supersaturation) とよばれ，$x > x_{sat}$ の関係がある．この式の意味する内容の概略を図5.1に示す．

図5.1中における n^*，ΔG^* は粉体粒子の析出において重要で，形成されたクラスター（幼核）が結晶核（crystal nucleus）となり粒子へと成長するか，あるいは消滅するかの境界条件を示していることになる．式(5.6)から明らかなように，

5.1 コロイドの生成

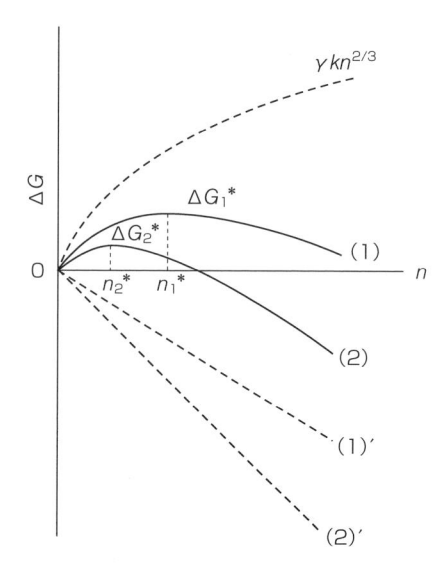

図 5.1 クラスターの大きさと幼核の自由エネルギー
(1) 過飽和濃度 (x/x_{sat}) が小さい場合
(2) 過飽和濃度 (x/x_{sat}) が大きい場合
(1)′, (2)′ 式 (5.6) の第一項

x/x_{sat}（過飽和度）が大きいほど ΔG は小さくなり図 5.1 実線 (2) のように下方に移動するので，結晶核形成の障壁である ΔG^* は低くなる．また n^* は粉体粒子へと成長可能な核，すなわち臨界核の形成に必要な分子数である．図から明らかなように n が n^* より増大し，クラスターが大きくなるに従い ΔG は減少するので，クラスターは自然に成長することになる．一方 n が n^* より減少し，クラスターが小さくなるにつれ ΔG は減少するのでクラスターは自然に溶解消滅することになる．すなわち n^* は臨界核 (critical nucleus) の大きさを示し，結晶核となり粒子へと成長するか，あるいは消滅するかの境界の大きさとなっている．

過飽和状態では，クラスターである幼核が生成・消滅を繰り返し，平衡が成り立っている．また結晶粒子の成長は，幼核がある臨界核以上の大きさになったときおこることを述べた．溶液濃度の変化と時間との関係，その間における幼核および臨界核の生成，結晶成長の概略を図 5.2 に示す．したがって臨界核の数，その後の成長過程で粒子の大きさが決まってくる．また粒度分布は臨界核の生成のようすで異なる．すなわち臨界核が一斉に形成され，その後結晶成長が同時におこる場合は粒度分布はせまいものとなるが，臨界核の形成に時間差があると結晶成長にも時間差が生じるので粒度分布は広いものとなる．

以上述べてきた結晶成長の概略は，イオン化合物の粉体の生成においても同様

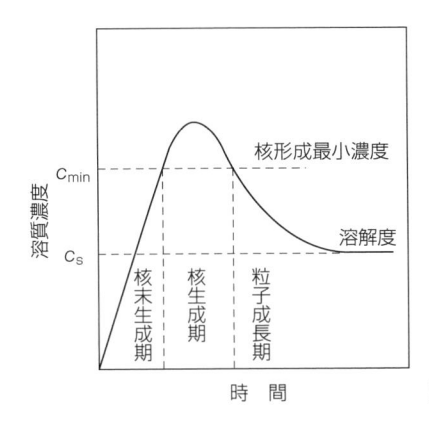

図 5.2 粒子生成における溶質濃度の時間変化

に考えられる．いま，次のようなイオン化合物の微粉体が生成され，溶液中の各イオンと溶解平衡が成立している場合を考える．

$$A_mB_n \rightleftarrows mA^{p+} + nB^{q-} \tag{5.7}$$

平衡定数 K_{eq} は次式で示される．

$$K_{eq} = \frac{[A^{p+}]^m[B^{q-}]^n}{[A_mB_n]} \tag{5.8}$$

また溶液は飽和濃度で平衡になっており，上式は固相 A_mB_n の存在量に関係なく一定である．すなわち溶解度積は次式で定義される．

$$K_0 = [A^{p+}]^m[B^{q-}]^n \tag{5.9}$$

陰陽両イオンの結合により沈殿が生じるためには，溶液中におけるイオン濃度の積が溶解度積以上の過飽和になっている必要がある．その後の結晶核の形成と，結晶の成長は前述と同様の機構で考えられる．

コロイド粒子の生成法のうち代表例として水溶液からの生成法およびゾル−ゲル法について述べる．

a．水溶液からの析出

この方法には凍結乾燥法，噴霧乾燥法，溶媒乾燥法があるが，析出条件を調整することによって粒子径の大小，粒度分布，組成などが制御された粉体が得られる．たとえば析出時間が長いと成長時間が長くなるので大きい結晶粒子が生成される．また多成分から構成される結晶粒子の析出では溶解度積の差異により成分の偏析が問題となる．これらの点を避けるため水溶液を小さな液滴にして，乾燥

したり，急激な冷却そして乾燥(凍結乾燥)，あるいは溶媒抽出乾燥法などにより結晶を析出させる方法がとられる．これらの方法の長所は，液滴の大きさや濃度により粒子の微細化，組成の均質化を計ることができる．さらに溶解した塩類はすべて析出させるので組成の調製が容易なことである．

b．水溶液反応による沈殿

水溶液反応には沈殿法と加水分解法とがある．後者の加水分解法には，アルカリ法，アルコキシド法，水中放電法などがある．加水分解法により生成された水酸化物は微細でしかも低温で熱分解するので，酸化物の作製法としてよく利用されている．加水分解時に NaOH，KOH などのアルカリが用いられた場合，アルカリ金属などの不純物の混入が問題となる．またこれらのアルカリ金属イオンの含有は乾燥のさいに固結をおこしやすくなる．この点を避けるためには NH_4OH を用いればよい．

c．均一沈殿法

溶液を混合することにより，溶解度積の小さい物質の析出，あるいは pH を変動させることによる物質の析出などでは，溶液の添加初期と後期において，溶液内の条件が異なり析出物の均一性が保たれない恐れがある．また液体を添加した時点では，添加液体周囲では濃度変化が大きくその意味で溶液は不均一であり，このような状況下においての沈殿物の形成は均一性に欠ける恐れがある．これらの欠点を排除した方法として均一沈殿法がある．よく利用される方法として尿素を用いる方法がある．尿素は水溶液中で 90 °C 以上に加熱すると，溶液の酸性，塩基性の違いにより次のように分解する．

$$H_2NCONH_2 + 3\,H_2O \longrightarrow 2\,NH_4^+ + 2\,OH^- + CO_2 \qquad \text{(酸性下)}$$

$$H_2NCONH_2 + 2\,OH^- \longrightarrow CO_3^{2-} + 2\,NH_3 \qquad \text{(塩基性下)}$$

したがって，目的成分と尿素を含有する酸性溶液を加熱すると尿素の分解により溶液全体を均一に pH を上昇させ，水酸化物を生成沈殿させることができる．塩基性下では同様に炭酸塩を析出させることができる．尿素の濃度や分解温度を調整することで核生成速度を制御することができる．

多成分からなる微粒子，たとえば $BaTiO_3$ を作製するときにこの均一沈殿法が利用されている．まず $BaCl_2$ と $TiCl_4$ の混合溶液にシュウ酸を沈殿剤として加え，液相内で均一組成の沈殿微粒子 $BaTiO(C_2O_4)_2 \cdot 4\,H_2O$ を沈殿させる．この沈殿

物は粉体同士の混合では達成できない原子レベルで Ba/Ti＝1 の組成を有している．これを熱分解することにより，組成がそのまま固相の組成に反映させることができ，均質な超微粒子 $BaTiO_3$ が得られる．

d．ゾル-ゲル法

　この方法では，まず媒体中にコロイド粒子が分散し流動性を示すゾルを作製し，次にコロイド粒子を凝集・固化させたゲル状態を経由して目的の形状，物性や特性を有する材料を作製する方法である．この方法のおもなプロセスは次のようにまとめられる．

　（1）　金属の有機化合物，あるいは無機化合物を溶液中で加水分解，重縮合によって金属の酸化物や水酸化物の微粒子を形成させ，それが分散したゾル状態を作製する．

　（2）　次に反応を進ませゲル化させる．このゲル化にさいしては目的の形状に成形し，適宜所定の温度で加熱することによって薄膜，多孔体，その他の外形的形状を有する材料，あるいは非晶質，多結晶体などの粒子内部が質的に制御された目的の材料を作製する．

　また，ゾル-ゲル法は特別な装置を必要とせず簡便に行えることから各種の分野で利用されている．主要な例として，金属アルコキシドやその誘導体の加水分解，金属無機塩の溶液にアルカリを加えての加水分解から，酸化物，水酸化物のゾルの作製があげられる．以下にこの方法の特徴および長所，そして短所について示す．

　（ⅰ）　**特徴および長所**

　（1）　ゾルの作製において粒径のそろった単分散の微粒子が作製可能である．したがってセラミックス原料として非常に有用で，たとえば低温での焼結，焼結後の物性向上をはかることができる．

　（2）　溶液から出発するので分子，原子レベルで組成の制御や均質性の向上が容易である．

　（3）　従来の方法では困難な組成の微粒子や材料の合成が可能である．

　（4）　高純度な微粒子や材料が得られる．

　（5）　ゲル化させるときに外形的に任意な形状を有する材料，たとえば薄膜，繊維状，微粒子，多孔質，バルク状などの各種の材料が作製できる．

表 5.3 ゾル-ゲル法によって作製された製品

名　称	具体例
単分散微粒子	液晶スペーサー用シリカ球，VLSI 封止材用シリカフィラー，TiO_2，ZnO，ZrO_2，Al_2O_3，研磨剤用アルミナ粉末
複合酸化物	$BaTiO_3$，$PbTiO_3$，高温構造材料，回路基盤用高純度ムライト粉末
繊維状物質	石英ファイバー，アルミナ繊維，シリカアルミナ繊維
コーティング膜	光反射コーティング膜，反射防止多層コーティング膜
その他	石英板，石英ロッド

（6） 同一物質のセラミックスが，従来法に比べて低温で作製可能である．またゲルの処理温度を適宜制御することで多孔体，非晶質，多結晶体の材料が作製できる．

(ii) 短　所

（1） 原料が高価となる．

（2） プロセシングに時間を要する．

（3） 原料として金属の有機化合物，たとえば金属アルコキシドを用いた場合，微粒子やゲルの中にアルコールが含有される．ゲルの加熱処理温度によってはアルコールや炭化水素の残留がおこる．これらの燃焼除去に適当な加熱処理温度の設定と酸素の存在が必要である．

（4） 空げきの多い多孔体ゲルを加熱処理して最終製品を作製する場合，収縮が大きいので製品中にクラックが入ったり，細孔が残留しやすい．

以上のような数多くの長所および短所をあわせもっている．目的に合致した物性や特性を有する微粒子や材料を作製するときにはこの方法の特徴をよく理解しておく必要がある．表 5.3 に実際に生産されているゾル-ゲル製品を示す．

金属アルコキシドはゾル-ゲル法の原料として有用であるが，その加水分解速度は金属の種類によって異なる．したがって，2種類以上の金属アルコキシドをたんに混合した溶液から複合酸化物を作製するさいにはこの点を注意する必要がある．あらかじめ目的の成分を分子中に含む複合アルコキシド，たとえば二金属アルコキシド，あるいは三金属アルコキシドを用いるとよい．Si のアルコキシドはほかの Al, Ti, Zr などのアルコキシドと比べて加水分解の速度は小さい．またアルコキシド基の種類によっても反応速度は異なる．Si のアルコキシドの場合，

アルコキシド基が大きいほど加水分解の速度は小さい．

$$\mathrm{Si(OCH_3)_4 > Si(OC_2H_5)_4 > Si(OC_3H_7)_4 > Si(OC_4H_9)_4}$$

シリコンアルコキシド溶液のゲル化は，シリコンアルコキシドの加水分解と重縮合反応の結果おこる．一般にゾル-ゲル法の過程においてはアルコールと水，そして触媒として少量の酸あるいはアルカリが加えられている．シリコンアルコキシドの加水分解は次のように段階的に進む．

$$\mathrm{Si(OR)_4 + H_2O \longrightarrow Si(OR)_3(OH) + ROH}$$
$$\mathrm{Si(OR)_3(OH) + H_2O \longrightarrow Si(OR)_2(OH)_2 + ROH}$$
$$\mathrm{Si(OR)_2(OH)_2 + H_2O \longrightarrow Si(OR)(OH)_3 + ROH}$$
$$\mathrm{Si(OR)(OH)_3 + H_2O \longrightarrow Si(OH)_4 + ROH}$$

これらの加水分解反応には触媒として酸あるいはアルカリを用いるが，その反応機構は異なっている．酸を触媒とする溶液中では，$\mathrm{H^+}$ が OR 基の O を攻撃する親電子機構で反応は進み，一方塩基を触媒とする溶液中では，$\mathrm{OH^-}$ が Si を攻撃し $\mathrm{RO^-}$ が脱離する親核機構で反応は進む．加水分解がおこったのち重縮合反応がおこるが，そのとき以下のような脱水縮合反応と脱アルコール反応とが同時におこると考えられる．

$$\mathrm{\equiv Si-OH + HO-Si \equiv \longrightarrow \; \equiv Si-O-Si \equiv + H_2O}$$
$$\mathrm{\equiv Si-OH + RO-Si \equiv \longrightarrow \; \equiv Si-O-Si \equiv + ROH}$$

シリコンアルコキシド溶液のゲル化は，アルコキシドの加水分解と引き続いておこる縮合反応によって進む．このとき加水分解が非常に速いと，まず $\mathrm{Si(OH)_4}$ が形成されそれらの縮合反応となる．したがって Si 原子から 4 方向の三次元的に縮合反応が進行することになる．逆に加水分解反応に対して縮合反応が速いと一次元方向に伸びた線状の重合体が形成される．どちらの反応速度が律速になるかは触媒やシリコンアルコキシドの種類，水の濃度，温度などの反応条件によって異なる．酸性溶液中では $\mathrm{Si(OR)_4}$ から最初の OR 基が脱離する加水分解反応は非常に速いことがラマンスペクトルの測定から確かめられている．またこの反応後分子中に残る OR 基の加水分解は遅い．したがって酸性溶液で水分が少ない条件のときは，$\mathrm{Si(OR)_4}$ が完全に加水分解される前に重縮合反応が進むので線状の重合体が形成されやすく，溶液はえい糸性を帯び，ゲルファイバー，シリカガラスファイバーが作製できる．しかし酸濃度が高いとき，あるいは水分量が多いとき

は加水分解反応が速くおこるので，三次元的重縮合がおこり球状クラスターが形成される．

一方塩基性溶液中では $Si(OR)_4$ の最初の加水分解はおこりにくいが，いったん加水分解がおこるとそれ以降の加水分解はおこりやすくなるとされている．したがって，三次元的重縮合がおこり球状クラスターを生成したのち集合してゲル化する．

5.2 コロイドの安定性

液体中に固体のコロイド粒子が凝集せずに分散しているとき，その液体をサスペンション（suspension），あるいは懸濁液という．液体中でコロイド粒子が安定して分散している機構は次のように説明される．① 粒子表面に界面電荷が生じて互いの凝集を妨げている．② 界面活性剤や溶解した高分子などが粒子表面に適当量吸着し，粒子同士の凝集を妨げている．③ 保護コロイド（protective colloid）粒子として安定化し，粒子同士の凝集を妨げている．④ コロイド粒子が粘性の高い液体中に分散し，その運動が制限され粒子同士の衝突が少なく凝集が妨げられている．これらの現象はコロイド粒子表面の物理化学的な性質に密接に関係する．

5.2.1 コロイドの表面構造

コロイド粒子，たとえば水酸化物の粒子が次式のような反応によって生成されるときを考える．

$$M^{n+} + nOH^- = M(OH)_n \tag{5.10}$$

このとき，水酸化物の溶解度積は次式で示される．

$$K_s = [M^{n+}][OH^-]^n \tag{5.11}$$

また，水の解離平衡（式(5.12)）を考慮すると，式(5.11)の溶解度積は式(5.13)のように変形される．

$$[H^+][OH^-] = 10^{-14}, \quad したがって \log[OH^-] = -14 + pH \tag{5.12}$$

$$\log K_s = \log[M^{n+}] + n\log[OH^-] = \log[M^{n+}] - 14n + npH \tag{5.13}$$

したがって，ある濃度の金属イオン M^{n+} が水酸化物の生成を開始する pH は次式によって求められる．

$$\mathrm{pH} = \frac{\log(K_\mathrm{s}/[\mathrm{M}^{n+}])}{n} + 14 \tag{5.14}$$

酸化物粉体粒子の表面は，一般に大気中の水蒸気を化学吸着しヒドロキシル基で覆われている．したがって，酸化物粉体の表面挙動は，水酸化物の場合と同様に考えることができる．すなわち，水酸化物や酸化物の粉体粒子を蒸留水中に分散すると，表面上のヒドロキシル基は次式のようにイオン解離し負，あるいは正の界面電荷が生じる．

$$\mathrm{M-OH} \rightleftarrows \mathrm{M-O^-} + \mathrm{H^+} \tag{5.15}$$

$$\mathrm{M-OH} \rightleftarrows \mathrm{M^+} + \mathrm{OH^-} \tag{5.16}$$

酸化物粉体粒子が上式のいずれの機構でイオン解離するかは，酸化物中の金属イオンの電気陰性度の大小で決定される．この場合の金属イオンの電気陰性度は次式で定義される．

$$\chi_i = (1 + 2Z)\chi_\mathrm{p} \tag{5.17}$$

ここで，χ_i は金属イオンの電気陰性度，Z は金属イオンの価数，χ_p はポーリングの金属原子の電気陰性度である．

結晶，あるいは非晶のシリカ粒子の場合は，蒸留水中で式(5.15)のように解離し $\mathrm{SiO_2}$ の粒子表面は負の界面電荷をもつことになる．しかし，溶液の pH を下げ酸性にしていくと，式(5.15)のイオン解離が抑制され平衡は左方向に移行すると同時に $\mathrm{H^+}$ イオンの吸着もおこるので，表面の負の電荷量は減少する．さらに pH

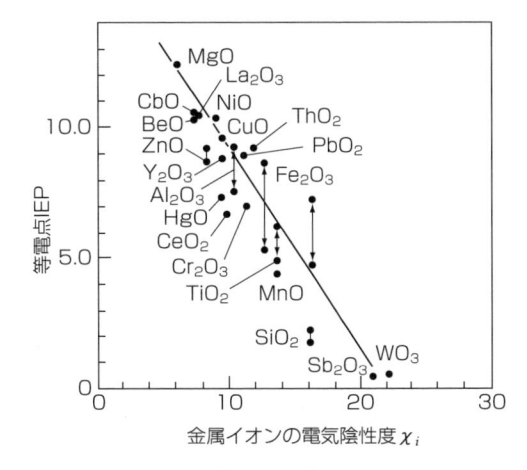

図 5.3 各種金属酸化物における金属イオンの電気陰性度と等電点の関係
$\chi_i = (1 + 2Z)\chi_\mathrm{o}$, Z：価数，χ_o：ポーリングの電気陰性度．
[K. Tanaka and A. Ozaki, *J. Catal.*, 8(1), (1967)]

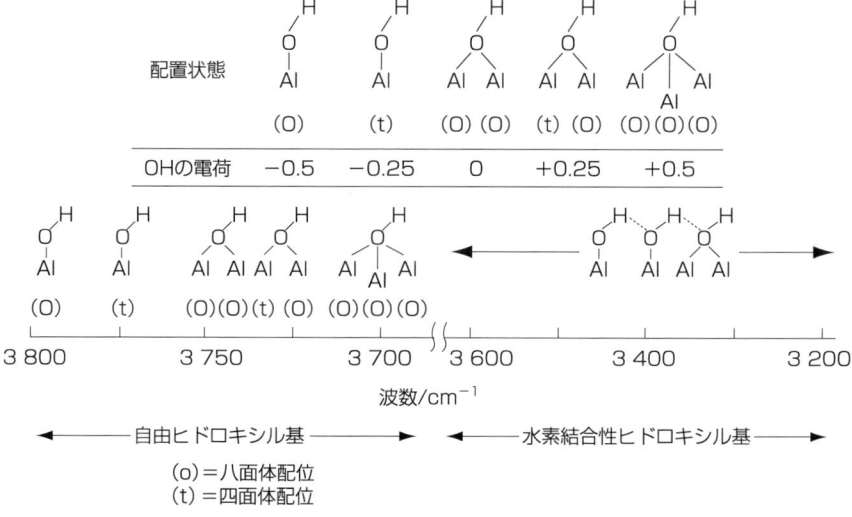

図 5.4 Al$_2$O$_3$表面に観測されるヒドロキシル基の構造と伸縮振動数およびヒドロキシル基の正味の電荷

[H. Knozinger and P. Ratnasamy, *Catal. Rev. Sci. Eng.*, **17**, 31 (1978), T. H. Ballinger and J. T. Yates, *Jr. Langmuir*, **7**, 3041 (1991), 武井 孝, 色材, **69**(9), 623 (1996)より]

を順次下げていくと，界面電荷がゼロとなり，ついで逆に正に荷電するようになる．界面電荷量がちょうどゼロになるpHの値はその物質の等電点（isoelectric point）という．各種酸化物粒子の等電点と金属イオンの電気陰性度の関係を図5.3に示す．金属イオンの電気陰性度が大きくなるにつれ，金属イオンの電子求引する能力は増大するので表面ヒドロキシル基からH$^+$を解離しやすくなる．すなわち粒子表面における負の界面電荷量も増加する．したがって，等電点の値は金属イオンの電気陰性度の増加につれ減少する．これらのことは酸化物粉体の分散の安定性はpHで制御可能であることを示している（2.4.1項参照）．

酸化物表面上の表面ヒドロキシル基に陽イオンが配位している．この場合配位している陽イオンの数の違いや，その陽イオンに配位している酸素イオンの配位数の差異によりヒドロキシル基の正味の電荷，すなわち酸・塩基性が異なる．これらの点は赤外吸収スペクトルにより表面ヒドロキシル基の伸縮振動の吸収位置のシフト量からも議論されている．一例を図5.4に示す．

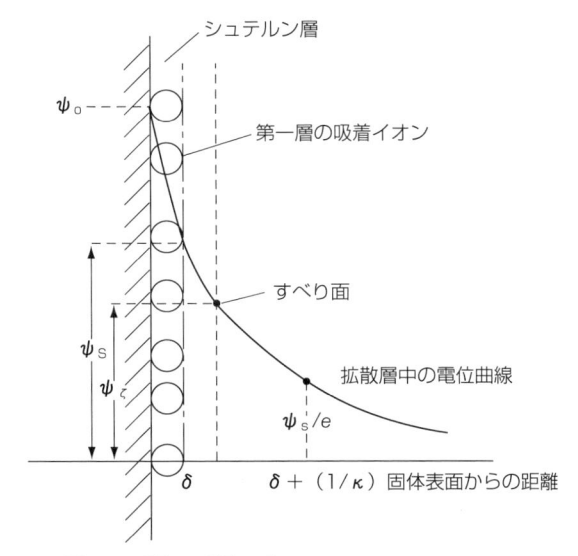

図 5.5 電気二重層モデル
ψ_0：粒子表面の電位，ψ_s：固定相表面の電位，
ψ_ζ：すべり面における電位（ゼータ電位），κ：
Debye–Hückel のパラメーター．

　また粉体粒子の作製において，沈殿反応がよく利用される．いま，次式のような沈殿反応により微粉体 AgI を得たとする．

$$\text{AgNO}_3 + \text{KI} \rightleftarrows \text{AgI} + \text{KNO}_3 \tag{5.18}$$

　混合された溶液内で，どちらかの塩が過剰に存在すると，存在量の多い塩のイオンのうち溶解度積の小さい方のイオンが吸着し粒子表面は界面電荷をもつことになる．粒子表面に吸着するイオンを電位決定イオンという（2.4.1 c 項参照）．
　また粒子表面にカルボキシル基，フェノール性のヒドロキシル基などの解離基が存在するとき，粒子表面に負の界面電荷が生じる．一方，表面にアミノ基を有する場合は，逆に正の界面電荷が生じる．コロイド粒子の界面電荷は表面の構造や組成の差異，官能基の有無などに密接に関係している．

5.2.2　DLVO 理論

　界面電荷を有するコロイド粒子が溶液中に存在すると，その電荷と溶液中の対イオンによって電気二重層が形成される．シュテルンは電気二重層モデルを図

5.5のように示した．対イオンは界面電荷との静電気相互作用力によって界面に引き寄せられ固定層と拡散層の二つの部分を形成する．実験的に測定可能な物性値は，すべり面における電位（ゼータ電位）なので，通常界面電荷量の代わりに界面電位が用いられている．固定層と拡散層の間の電位はシュテルン電位という．電位は固定層内では直線的に減少し，拡散層内ではイオンのブラウン運動のため指数関数的に減少する．ゼータ電位を示すすべり面は，界面電荷を有する粒子が液体中を動くときの境界面であり，固定層のやや外側に存在する（2.4.2項参照）．

平らな固定層表面の電位を ψ_s とすると，そこから距離 x 離れた位置における拡散層内の電位 ψ は次式で示される．

$$\psi = \psi_s \exp(-\kappa x) \tag{5.19}$$

ここで，κ は拡散二重層内の電位の変化状況を決める定数である．すなわち $1/\kappa$ の距離における電位は ψ_s/e となり，二重層の厚みを表すパラメーターとなる．

ゼータ電位の大きさと対イオンの分布を表す $1/\kappa$ は界面動電現象において重要である．

Derjaguin, Landau, Verwey, Overbeek は，疎水コロイド 2 粒子間に働く静電反発力とファンデルワールス力が作用する系について考察し，DLVO の理論を

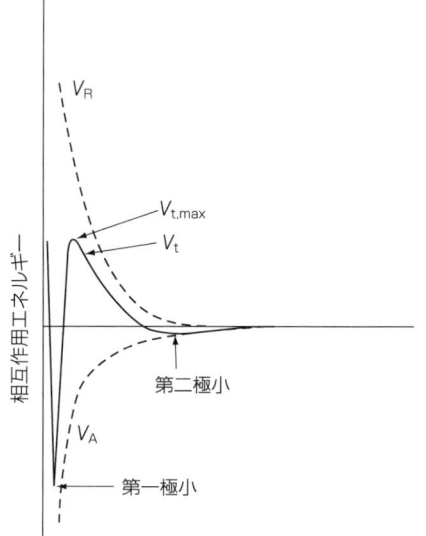

図 5.6 粒子間の全相互作用エネルギー
V_R：電気二重層の相互作用エネルギー，V_A：ファンデルワールス相互作用エネルギー，V_t：全相互作用エネルギー，$V_t = V_R + V_A$．

提出した．

　水中で界面荷電をもつ二つの粒子が近づくと2粒子間に電気二重層の重なりが発生し，対イオンの濃度を増加させる．このことは2粒子間の浸透圧を増大させるので反発エネルギーV_Rが生じる．V_Rは次の近似式で表されている．

$$V_R = (\varepsilon r \zeta^2 e^{-\kappa a})/2 \tag{5.20}$$

ここで，ε は分散媒の誘電率，r はコロイド粒子の半径，ζ はゼータ電位，κ は二重層の厚みに関係する定数，a は粒子間距離である．

　一方，2粒子間に働くファンデルワールス相互作用エネルギーV_Aは次式で示される．

$$V_A = \frac{Hr}{12\,a} \tag{5.21}$$

ここで，H はハマカー定数，r はコロイド粒子の半径，a は粒子間距離．したがって，2粒子の接近における全相互作用エネルギーV は両者の代数和として求められる．これらの関係を図5.6に示す．

　2粒子の接近に伴い中間領域で反発力が徐々に増加していくが，この反発力に打ち勝ってファンデルワールス引力が作用する距離に近づくと2粒子は不可逆的に凝集する．さらに接近するとボルンの反発力が発生するため全相互作用エネルギーV は底の深い極小値をとったのち増大する．一方，遠方側にも底の浅い極小値が生じる．これは弱い凝集(二次凝集)でわずかな外力で再分散が可能な可逆的な凝集である．強い凝集(一次凝集)をおこすためには図中のポテンシャルエネ

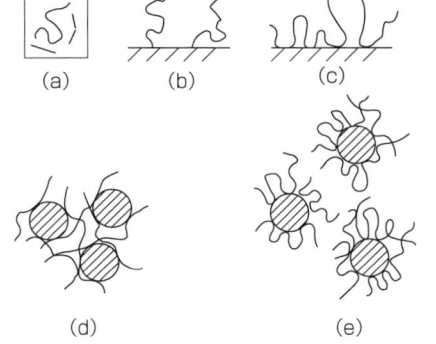

図 5.7　高分子の吸着層の模式図
　　　　（a）高分子中の全セグメントが吸着
　　　　（b）高分子が末端で吸着　　（c）高分子がループ，トレイン，テールを形成して吸着　　（d）高分子が低濃度で鎖長が長いとき架橋して吸着し，粒子は凝集　　（e）高分子が高濃度のとき，ループ，トレイン，テールを形成して吸着し粒子は分散

ギーの山を越える必要がある．この山の高さはゼータ電位が小さいほど低くなる．またコロイド溶液中に電解質を加えると，ゼータ電位が小さくなるのと同時に κ は大きくなり，電気二重層の厚さ $1/\kappa$ は小さくなるので，ポテンシャルエネルギーの山は低くなる．このポテンシャルエネルギーの高さが粒子の熱運動エネルギーに比べて小さければ，粒子は容易に障壁を乗り越えて強い一次凝集をおこす．

　粒子は高分子などの吸着によっても分散・凝集作用を引きおこす．高分子の吸着層の模式図を図 5.7 に示す．高分子の濃度が低いとき粒子表面上の吸着層は疎な状態である．このような粒子が接近すると，吸着層のテール部分が近づいてきた他の粒子の未吸着表面に吸着し 2 粒子を凝集させる．高分子が 2 粒子間を橋かけ状態で吸着し凝集させるので，橋かけ凝集とよばれている．凝集機構から明らかなように分子量の大きな高分子の場合や高分子の良溶媒中のときおこりやすい．高分子濃度が増加していくと粒子表面上の吸着層は密となるので，2 粒子が接近しても橋かけ状態での吸着は困難となり凝集はおこりにくくなる．しかし吸着層が飽和に近い状態となった場合，2 粒子が接近していくと，図に示すように吸着層の高分子鎖のセグメントの濃度が粒子間において増大するので浸透圧の増加を引きおこす．すなわち高分子の密な吸着層は逆に分散作用を引きおこすことになる．

5.3　エマルション

　界面活性剤の水溶液に油を入れてかきまぜると，油は小さな滴となって分散する．このような状態をエマルション（emulsion）という．水中に油が分散した状態を水中油滴型エマルション（oil-in-water emulsion）または O/W 型エマルションといい，逆に，油中に水が分散した状態を油中水滴型エマルション（water-in-oil emulsion）または W/O 型エマルションという．O/W 型エマルションでは水相を連続相（contenuous phase）または分散媒（dispersion medium）といい，油相を分散質（dispersed phase）という．エマルションをつくることを乳化（emulsification）といい，乳化に用いる界面活性剤をとくに乳化剤（emulsifier）という．

　特殊なエマルションとして，水中に W/O 型エマルションが分散した W/O/W

型エマルションや油中にO/W型エマルションが分散したO/W/O型エマルションなどの複合エマルション（double emulsion）も存在する．また，マイクロエマルション（microemulsion）とよばれるエマルションもある．これは油で膨潤したミセル状態に近く，油・界面活性剤・水の3相からなる系でみられる．そして，このマイクロエマルションは可視光に透明で熱力学的に安定な状態である．これに対して，通常のエマルションは濁度があり，マクロエマルション（macroemulsion）とよばれ，区別して考えられている．

　油滴の界面は，界面活性剤を吸着して，界面張力が小さく（ゼロに近い）なり，安定化されている．しかし，エマルションは熱力学的に不安定な系であるため，時間の経過につれて，油滴が互いに凝集（flocculation），合一（coalescence）をして大きな油滴になり，やがて連続した油相と水相に分離する．そこで，エマルションを実用に供するためにはこの合一速度をできるだけ小さくするように化学的工夫が必要となる．すなわち，できるだけ"安定なエマルション"をつくることが必要である．

5.3.1　エマルションの調製法

　油を水中に分散させるための方法は自然乳化と強制乳化とがある．

　乳化させるために，どのくらいエネルギーを加えることが必要になるか調べてみよう．いま，1 cm³のヘキサデカンの油滴を図5.8のように直径1 μmの大きさで水中に分散させるに必要な自由エネルギー変化 ΔG を計算してみよう．

　界面張力を γ とすると，最初の状態は体積1 cm³の球の表面積に γ をかけた値

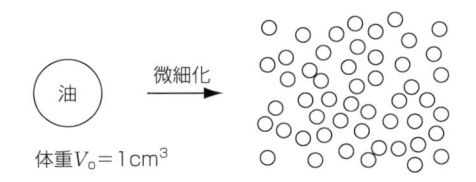

体重 $V_0 = 1 \text{cm}^3$

直　径　　$d_0 = 1.24 \text{ cm}$　　　$d = 1 \times 10^{-4} \text{ cm}$
全表面積　$S_0 = 4.83 \text{ cm}^2$　　$S = 6 \times 10^4 \text{ cm}^2$（12 422倍）

図 5.8　油の微細化による表面積の増加

$G_I=4.83\gamma$ erg である．次に，直径 1 μm の油滴に分散したときの全表面積に γ を掛けると，$G_F=6\times10^4\gamma$ erg となるので，G_F と G_I の差が分散に必要な最小限の自由エネルギー変化 ΔG である．たとえば，20 ℃のヘキサデカンと水の界面張力 γ は 53.32 mN m^{-1} であるが，乳化剤を加えて界面張力を $\gamma=0.1$ mN m^{-1} に下げ，同じ分散系をつくった場合，G_F の値は 6×10^3 erg に減少させることができる．したがって，乳化のために界面活性剤を用いて界面張力を低下させることによって外部から加える必要なエネルギーは 1/530 に減少させることができる．

a．自然乳化；マイクロエマルション

自然乳化（spontaneous emulsification）は，油水界面張力が 0.01 mN m^{-1} 以下ぐらいまで低い場合，液体の熱拡散で自然に乳化がおこる．界面張力が極めて小さいため，水相，油相，界面活性剤液晶相が互いにフィンガープリントのように連続相（biconteneous phases）を形成し，必ずしも球形の滴になる必要がない．そのため，全体として一液相のようになるため，薄い虹色光沢をした透明な状態となる．しかし，油相の表面は界面活性剤の吸着単分子膜で安定化されている．

濃厚な非イオン界面活性剤水溶液と油相さらに補助乳化剤に低分子アルコールを添加するとマイクロエマルションを調製することができる．このようにマイクロエマルション系は可溶化ミセルと同じと考えられ，熱力学的に安定な平衡系である．マイクロエマルションは農薬，香粧品など多くの工業分野で実用化されている．

b．強制乳化

強制乳化は外部よりエネルギーを加え，乳化させる方法である．油を乳化させ

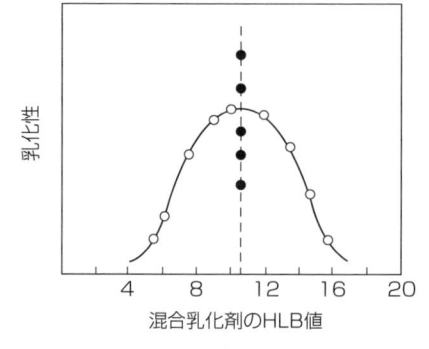

図 5.9 HLB 値と乳化性
○：混合界面活性剤の組合せと乳化性，
●：HLB 10.5 でも混合界面活性剤の組合せによって異なる．

るときの乳化剤は界面活性剤を単独ではなく，通常，2～3種類を混合して用いられる．図5.9は2種類の界面活性剤を組み合わせて鉱油をO/W型エマルションにつくったときのHLB値と乳化性との関係である．乳化に最適なHLB値は10.5と決められる．しかし，HLBが10.5になるようにいろいろな界面活性剤を組み合わせて乳化させると，黒点のように変化する．乳化に最適な界面活性剤の組合せは必ずしも一義的に決められないが，乳化に用いる界面活性剤は単独より混合して用いる方が乳化性や安定性に優れたエマルションをつくることができる．

乳化の指針にはHLB値以外に界面活性剤の相転移温度（phase inversion temperature, PIT）も用いられる．この方法は，油・水系の温度を変化させて，O/W型からW/O型に相転移するときの温度を界面活性剤の乳化能を表すパラメーターにする方法である．とくに，乳化剤が非イオン界面活性剤の場合によく用いられる．

エマルションの粒子径はできるだけ均一で，分布のせまいエマルションの方が一定の性質や安定性が保たれるので実用面で優れている．エマルションの調製法は種々あるが次におもな製法をあげる．

（i）　機械乳化法　　乳化剤を水に溶かしておき，そこに所定量の油をかきまぜながら加えて，乳化させる．粒子径の分布が大きい．

（ii）　転相乳化法　　油・乳化剤相にかきまぜながら水を加える．最初はW/O型エマルションになるが，水の量が一定量以上になると粘性が増加して，相転移がおこり，O/W型エマルションになる．この方法は，工業的に広く用いられていて，粒子径が小さく，分布のせまいエマルションをつくることができる．

（iii）　相転移（PI）法（HLB温度法）　　おもに非イオン界面活性剤を乳化剤に用いた方法である．系の温度を曇点（cloud point）またはHLB温度まで加温して，非イオン界面活性剤の親水疎水がバランスする状態で油を加えて，乳化する．そして，室温まで冷却する．わずかにかきまぜるだけで，比較的分布のせまい微粒子のエマルションができる．

（iv）　D相乳化法　　この方法は濃厚な非イオン界面活性剤水溶液に多価アルコールを溶解させ，界面活性剤の等方溶液（D相）をまず調製する．次に，この相にかくはんしながら油相を添加し分散させると，透明なO/D型ゲルエマルションが形成される．この相を水相で希釈し，O/W型エマルションを生成させる．

多価アルコールの寄与は濃厚な非イオン界面活性剤水溶液に形成する液晶の会合構造を破壊して，等方性界面活性剤溶液の状態に戻すためである．

（v）ゲル乳化法　この方法はハンドクリームなどW/O型エマルションを調製する方法である．アミノ酸塩の水溶液にオレイン酸グリコールエステルなどの親油性界面活性剤を混合すると，外相に界面活性剤，内相にアミノ酸塩の水溶液を内包したゲル状物質が得られる．このゲルを油相中に添加しよく分散させる．次にこれをかくはんしながら水相を添加していくと，W/O型エマルションが形成する．

（vi）液晶乳化法　モノヘキシルデシルリン酸アルギニン/水/グリセリンによって形成する液晶相（LC相）に油成分を添加し，分散させるとO/LC型エマルションができる．油滴の表面は界面活性剤の吸着単分子で安定化されている．このエマルション系は液晶が油滴のまわりに存在しているので，3層エマルション(three-layer emulsion)となり，粘度も高く，合一しにくく安定である．温度や油の種類による影響もあまり受けない利点がある．

（vii）3相乳化法　リン脂質DMPCやDMPGのゲル液晶転移温度（$T_m=24°C$）から十数° 高い温度範囲で乳化すると，リン脂質は多重二分子膜の状態で油滴のまわりに付着する．そのため，乳化剤相が油滴を囲んだ3相エマルション(three-phase emulsion)が形成する．この系のエマルションは界面活性剤で処理をした有機クレイ（organized clay）や微粒子などの分散系で乳化した場合と同じで，合一しにくく安定である．

（viii）複合エマルション　W/O/Wの調製はまだ十分研究されていない．このタイプのエマルションははじめにW/O型エマルションをつくり，これをさらに外相の水によくかくはんしながら分散させると形成する．このさい，内相のエマルションは複数個のW/Oを含むことが多い．また，界面活性剤も内相のW/O界面と外相のO/W界面では異なる界面活性剤を用いると，安定性のよいエマルションを調製できる．

5.3.2 エマルションの形態

生成されたエマルションは外相が水であるか油であるかによって性質が異なる．ではどのようにしたら判別ができるのであろうか．

(1) 分散法　エマルションを水面に滴下する．O/W 型エマルションは水中に拡散するが，W/O 型はレンズ状の油滴となり水面に浮く．

(2) 電気伝導法　エマルションに電極を挿入して，直流電気の伝導度を測定する．W/O 型エマルションは電気伝導がほとんどおこらない．

(3) 染料法　エマルションにローダミンBなどの水溶性染料を添加する．O/W 型エマルションであれば全体が着色する．また，油溶染料のスダンを添加すると，W/O 型エマルションの場合に着色するので区別できる．

(4) 希釈法　エマルション液面に水を滴下する．O/W 型エマルションでは水が連続相なのでエマルションの希釈がおこる．

(5) 屈折率法　顕微鏡下で連続相と分散質の光の屈折率の差から判定する．たとえば，O/W 型エマルションの場合，左側から入光するとエマルションの右側が集光するので顕微鏡の視野では左側が輝いてみえる．

5.3.3　エマルションの合一

イオン界面活性剤で乳化したエマルション表面はイオン性部位で覆われ，その対イオンが，地球の大気圏のように，油滴表面近傍に分布して存在する．この構造を拡散電気二重層 (diffused electric double layer)，またはたんに電気二重層とよぶ．このような電気二重層をもった二つの油滴が近づくと，それぞれの電気二重層間に静電気的反発がおこり，合一 (coalescence) を防ぐように働く．理論的扱いはコロイド分散系における凝集 (flocculation) の章で示す．

非イオン界面活性剤で乳化したエマルションでは静電気的反発は極めて小さい．しかし，親水基の非イオン性部位のエントロピー効果と拡散の効果が立体的反発 (steric repulsion) エネルギーとして働き，互いの接近を防ぎ，合一がおこらないように作用する．

エマルションの合一を防ぐための方策として，① 界面張力をできるだけ低下させること．このために界面活性剤に低分子量 ($C_7 \sim C_{10}$) のアルコール，脂肪酸，アミンなどを補助活性剤 (cosurfactant) として加えると有効である．② 反発ポテンシャルを高めること．静電気的反発をするような基団をもつ界面活性剤や立体反発をするような基団，たとえば，ポリオキシエチレン鎖，水溶性高分子，タンパク質などを混合して用いる．③ 連続相の粘性を高める．エマルション粒子の

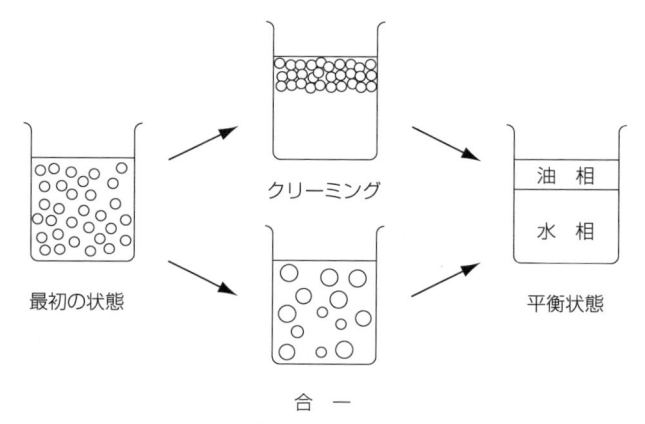

図 5.10 希薄なエマルションの経時変化

熱運動が弱くなって，互いの接近や衝突がおこり難くなる．④ 小さい液滴にする．エマルションの粒子径が小さい方が安定である．

5.3.4 エマルションの安定性の測定

調製したエマルションの安定性を測定するのにはどうしたらよいであろうか．O/W 型エマルションは破壊すると液面に油滴または油層となって現れる．W/O 型エマルションでは水滴が下部に現れる．そこで，エマルションの安定性は次の 3 通りの方法で調べられる．

（1）経日変化の観察　この方法はエマルションの経時変化を直接観察し，分離する油層の分量を測定する．

（2）強制的安定性　この方法はさらに次の 3 方法がある．① 加熱法：エマルションを 60～70℃に加熱し，遊離する油分を調べる．② 振動または超音波照射法：エマルションを機械的振動または超音波を照射して，破壊・分離する油量を調べる．③ 遠心分離法：エマルションを遠心分離して破壊してくる油量を調べる．

（3）合一の活性化エネルギーの測定　エマルション粒子径の経時変化を種々の温度で測定する．合一を一次反応と仮定して，アレニウス式（Arrhenius equation）から合一の活性化エネルギーを求め，判定する．

図 5.10 はエマルションの経時による状態変化を示している．比較的希薄なエマ

5 コロイド分散系　*157*

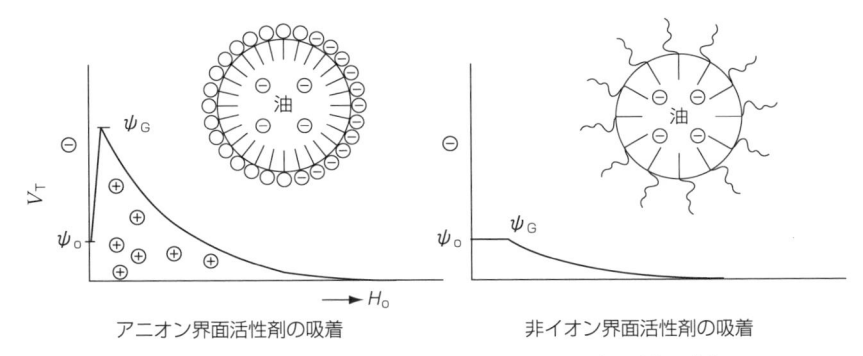

図 5.11 吸着する界面活性剤によるエマルションの表面電位の変化

ルションは静置しておくと連続相と分散質の密度の差により分散質の濃度にかたよりが現れる場合と連続相中で合一がおこり粒子が大きくなる場合とがある．とくに，前者は油滴が上部に濃縮されるので，クリーミング（creaming）とよばれる．クリーミング現象は合一ではないので，軽くふると再び元の粒子径で再分散させることができる．

5.3.5　エマルションの安定性の理論

水中の炭化水素油滴は表面電位がゼロかわずかな負の値を示す．用いる乳化剤の界面活性剤の種類によって，図5.11のように変化する．エマルションの安定性理論は大きく，① イオン界面活性剤による安定性と，② 非イオン界面活性剤による安定性との二つに分けられる．そして，エマルションと疎水性コロイド粒子とのもっとも大きな相違はエマルションの場合，合一をおこすことである．

a．イオン界面活性剤によるエマルションの安定性

荷電をもったエマルションは疎水性コロイド粒子の安定性と類似して扱うことができる．エマルション間に作用する全ポテンシャルエネルギーV_Tは

$$V_T = V_R + V_A \tag{5.22}$$

となる．ここで，V_Rは電気二重層に基づく静電気的反発ポテンシャルで，

$$V_R = 2\pi\varepsilon\varepsilon_0\psi_0^2 \ln\{1+\exp(-\kappa H_0)\} \tag{5.23}$$

ここで，εは電気二重層の誘電率，ε_0は自由媒体の誘電率，ψ_0は表面電位，H_0はエマルション粒子の表面間距離である．また，κは

5.3 エマルション

$$\kappa = \left\{ \left(\frac{8\pi e^2}{\varepsilon RT} \right) \sum n_i Z_i^2 \right\}^{1/2} \tag{5.23}'$$

である．この式で，e は電気素量，R は気体定数，T は絶対温度，$n_i Z_i$ は i 種イオンの濃度と電価である．κ は長さの単位をもつので，電気二重層の厚さを示すパラメーターとなり，共存塩（$\sum n_i Z_i^2$）の濃度によって変わる．塩の濃度が増加すると，電気二重層の厚さは圧縮され小さくなる．また，V_A はファンデルワールス力によるポテンシャル項で，エマルション粒子半径を a とすると，

$$V_A = -\frac{a \times A}{12 H_0} \tag{5.24}$$

である．ここで，A は巨視的物体間のロンドン-ファンデルワールス力を与える定数で，ハマカー定数とよばれ，通常 10^{-13} erg 程度の値である．分子間力は近距離力であるが，粒子間力は遠距離力である．

V_T と H_0 との関係を模式的に示すと，図 5.12 のようになる．疎水性コロイドにおける第二極小（図 5.6 参照）がエマルションでのクリーミング現象になる．そ

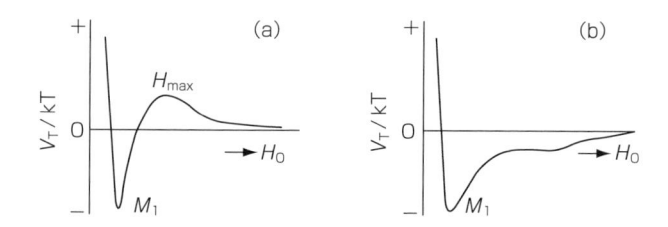

図 5.12 全ポテンシャルエネルギー V_T と粒子間距離 H_0 との関係
（a）ψ_0 大，κ 小の球状粒子 （b）ψ_0 小，κ 大の球状粒子
M_1 は第一極小で不可逆凝集となり，エマルションは合一する．V_{max} は V_T の極大で凝集のエネルギー障壁である（図 5.6 も参照）．

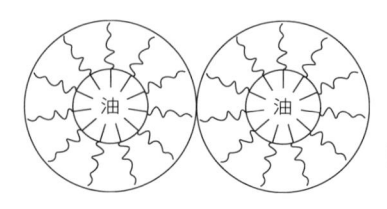

図 5.13 非イオン界面活性剤の吸着による親水基の反発作用

れより粒子間が接近するとエマルションは合一をおこすため，第一極小は現れない．通常，エマルション粒子は同一荷電の粒子のため，互いに静電気的反発ポテンシャルで安定化されている．

b． 非イオン界面活性剤によるエマルションの安定性

ポリオキシエチレンなどの非イオン親水基部位は図5.13に示すように油滴表面で水和保護膜として作用し，油滴の接近・合一を防ぐ作用をする．この作用項を立体反発ポテンシャル（steric repulsion）V_S項とすると，式(5.22)は

$$V_T = V_R + V_A + V_S \tag{5.25}$$

となる．

油滴粒子がさらに接近すると，油滴表面に吸着したポリオキシエチレン鎖は互いに重なる．重なりによってポリオキシエチレン鎖が濃厚になるため，V_Sはエントロピー減少に起因する反発ポテンシャル項と浸透圧の発生による反発ポテンシャル項との和である．したがって，非イオン界面活性剤で乳化したエマルションが安定化されるのは式(5.25)のV_R項がほとんどゼロであっても，第三項のV_S項の反発ポテンシャルが大きく作用しているためである．V_S項は粒子が互いに接近すると急激に大きな反発ポテンシャルとして作用する．V_S項の詳細は実際の系において検討されている．

5.4 界面活性剤とその溶液物性

界面活性剤は乳化，分散，起泡，ぬれ，可溶化，湿潤，帯電防止など多くの界面化学的現象を促進するために使用されている．なぜ界面活性剤はこのように多くの現象に使用することができるのであろうか．その理由は界面活性剤が特有の分子構造をもつためである．では界面活性剤はどのような構造をしてどのような機能をもつのか調べてみよう．

5.4.1 化学構造と機能

界面活性剤は一つの分子内に水とよくなじむ親水性の部位（hydrophilic moiety）と油によくなじむ親油性の部位（lipophilic moiety）が共有結合で結ばれた構造をした物質である．このような構造を両親媒性（amphipathic property）と

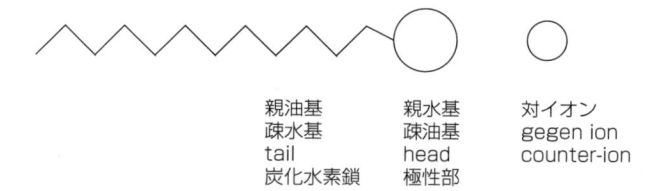

親油基　　　　親水基　　　　対イオン
疎水基　　　　疎油基　　　　gegen ion
tail　　　　　 head　　　　　counter-ion
炭化水素鎖　　極性部

図 5.14　界面活性剤分子の基本的構造と部位の名称

表 5.4　界面活性剤の親油および親水基団と対イオン

親油基	親水基	対イオン
直鎖アルキル $C_8 \sim C_{18}$	イオン性タイプ	アルカリ金属イオン
分岐鎖アルキル $C_8 \sim C_{18}$	カルボキシル基—CO_2^-	アルカリ土類金属イオン
アルキルベンゼン $C_6 \sim C_{16}$	サルフェート—OSO_3^-	アンモニウムイオン
アルキルナフタレン	スルホネート—SO_3^-	ハロゲンイオン
ペルフルオロアルキル $C_4 \sim C_9$	ピリジニウム—N^+R	アセチルイオン
ポリプロピレンオキサイド	第四級アンモニウム R_4N^+	
H—$[OCH(CH_3)CH_2]_n$—OH	非イオン性タイプ	
ポリシロキサン	脂肪酸—CO_2H	
H—$[OSi(CH_3)_2]_n$—OH	第一級アルコール—CH_2OH	
	第二級アルコール—CRHOH	
	第三級アルコール—CR_2OH	
	エーテル—COC—	
	ポリエチレンオキサイド	
	—$[OCH_2CH_2]_n$—OH	
	両イオン性タイプ	
	アミンオキサイド—NHCO	
	アミノ酸—$N^+(R')_2RCO_2$	

いう．親油性の部位は通常，長鎖の炭化水素で，炭素数が 8 から 18 ぐらいがもっとも一般的である．また，親水性の部位はイオン性と非イオン性の基団があり，図 5.14 のような構造と名称でよばれている．

　界面活性剤の基本構造は表 5.4 のような化学基団から成り立っていて，多くの場合その親水基の性質によって界面活性剤のタイプが分類されている．

　界面活性剤の分子中の親水基と親油基のつりあいによって，すなわち，親水親油のバランス（hydophilic-lipohilic balance, HLB）の大小によって，界面活性剤は水に溶けやすい水溶性の界面活性剤になったり，水に難溶で油に溶けやすい油溶性の界面活性剤になったりする．Griffin は流動パラフィンと水の系で，ドデシル硫酸ナトリウムで乳化したときの乳化状態を 40，オレイン酸で乳化したときを 1 と決め，種々の界面活性剤について親水親油のバランス，すなわち HLB を

表 5.5 HLB 基数値

親水基	HLB 基数	親油基	HLB 基数
$-SO_4^-Na^+$	38.7	$-CH-$	0.475
$-COO^-K^+$	21.1	$-CH_2-$	0.475
$-COO^-Na^+$	19.1	$-CH_3$	0.475
$-SO_3^-Na^+$	約 11	$=CH-$	0.475
エステル（ソルビタン環）	6.8		
エステル	2.4		
$-COOH$	2.1		
$-OH$	1.9		
$-O-$	1.3		
$-OH$（ソルビタン環）	0.5		
$-(CH_2-CH_2-O)-$	0.33		

表 5.6 界面現象と要求 HLB 値

用 途	要求 HLB	用 途	要求 HLB
消 泡	1〜3	O/W 型 乳化	8〜18
ドライクリーニング	3〜4	洗 浄	13〜15
W/O 型 乳化	4〜6	可溶化	15〜18
ぬれ，湿潤	7〜9		

$$HLB = W_h/5 \tag{5.26}$$

として数値化した．この値をHLB値という．ここで，W_hは親水基部位の質量百分率である．その後，HLBの概念は多くの研究者により発展され，そして，界面現象の最適の状態とHLB値との関係が明らかにされるようになった．

現在ではHLB値の計算によく使われている式は次の二つである．

$$HLB = 7 + 11.7 \log(M_w/M_o) \tag{5.27}$$

ここで，M_wとM_oはそれぞれ界面活性剤分子の親水基と親油基の分子量である．$M_w > M_o$ならば，$HLB > 7$となって親水性が強く，逆に$M_w < M_o$ならば$HLB < 7$で親油性が強い．

式 (5.27) とは別に Davies らによって発展され，いろいろな種類の界面活性剤の親水親油の基団について表5.5に示すようなHLB基数値（group number）が実験的に決められている．そこで，界面活性剤の化学構造がわかればHLB値は，

$$HLB = \Sigma(親水基数) - n \times (-CH_2-基数) + 7 \tag{5.28}$$

より求められる．ここで，nは長鎖炭化水素の数である．どちらの式で計算をして

表 5.7 おもな界面活性剤の化学構造と性質

(1) アニオン界面活性剤

名　称	化学構造	性　質
アルキルスルホン酸塩	$R-OSO_3Na$, $R-OSO_3HN(R')_3$	乳化剤，洗浄剤，起泡剤
ポリオキシエチレンアルキルエーテルスルホン酸塩	$R-(EO)_mOSO_3Na$　(LES)， $R-(EO)_mOSO_3HN(R')_3$ $m=2, 3, 4$	起泡力が大きい洗浄剤 クラフト点が低い，耐硬水性
N-アシルアミノ酸塩	$R-CON(CH_3)CH_2COONa$, $R-CON(CH_3)CH_2CH_2COONa$	皮膚や毛髪に穏和生分解性がよい，起泡剤，洗浄剤，乳化剤，柔軟化剤，帯電防止剤
N-アシルメチルタウリン塩	$R-CON(CH_3)CH_2CH_2SO_3Na$	生理的安全性が高く，起泡力，洗浄力，潤力に富み，耐酸，耐アルカリ，耐熱性
ポリオキシエチレンアルキルエーテル酢酸ナトリウム	$R-O(EO)_nCH_2COONa$	アルカリ，酸化剤，還元剤，漂白剤，酵素，カチオン物質存在下でも洗浄力がある．生分解性，泡切れがよい
アルキルスルホカルボン酸塩 (Aerosol OT)	$R-OCOCH_2SO_3Na$, 　　　　$\underset{\|}{C_2H_5}$　　$\underset{\|\|}{O}$ $CH_3(CH_2)_3CHCH_2-C-CH_2$ 　　　　　　　　　　$\underset{\|\|}{O}$ $CH_3(CH_2)_3CHCH_2-C-CH-SO_3Na$ 　　　　$\underset{\|}{C_2H_5}$	起泡，湿潤，浸透，乳化，洗浄力に優れ，耐硬水性
アルキルスルホン酸塩 (AOS)	$R-CH=CH(CH_2)_nSO_3Na$	起泡性，洗浄性に優れる．生分解性で生理的に穏和
ポリオキシエチレンエーテルリン酸塩	$R-(EO)_n-OP(ONa)_2O$ $[R-(EO)_nO]_2P(ONa)O$	耐アルカリ性，耐熱性に優れ，有機溶剤にも可溶．乳化剤，分散剤，可溶化剤

(2) カチオン界面活性剤

名　称	化学構造	性　質
ハロゲン化アルキル第四級アンモニウム塩	$R-N(R')_3X$	コンディショニング剤，帯電防止剤，柔軟剤，殺菌剤，消毒剤，殺藻剤，防臭剤などに使用される．洗浄力，起泡力などは一般にアニオン性より低い
アルキルピリジニウム塩	$R-C_5H_4N(R')_2X$	

(3) 両性界面活性剤

種類	構造	用途
アルキルベタイン型	$R-N^+(CH_3)_2CH_2COO^-$, $R-N^+(CH_3)_2(CH_2)_3SO_3^-$	起泡剤, 洗浄剤, 帯電防止剤, 柔軟剤で, アニオン, カチオン, 非イオン界面活性剤と併用ができる. 低刺激性である
アルキルイミダゾール型	$\begin{array}{c}C\quad CH_2\\ \parallel\quad\mid^+\\ R-O-N-(CH_2)_2-N-CH_2COO^-\\ H\quad\mid\\ CH_3\end{array}$ $\begin{array}{c}CH_2CH_2OH\\ \mid\\ N-CH_2\\ R-C\diagup\!\!\!\diagdown \ ^+\\ N-CH_2\\ \mid\\ (CH_2)_nCOO^-\end{array}$	
アルキルアミノ酸型	$R-N^+H_2-CH_2CH_2COO^-$	起泡性, 洗浄性, 帯電, 防止剤, 柔軟剤, 金属の表面処理剤.

(4) 非イオン界面活性剤

種類	構造	用途
ポリオキシエチレンアルキルエーテル型	$R-O-(EO)_nH$ $n=5\sim20$	乳化剤, 分散剤, 洗浄剤, 帯電防止剤, ぬれ剤, 側鎖アルキルは泡切れがよい
ポリオキシエチレンアルキルフェニルエーテル型	$R-\phi-O\ (EO)_nH$	耐酸, 耐アルカリ, 耐熱に優れている. 乳化剤, 可溶化剤, 分散剤, 湿潤, 浸透剤, 洗浄剤
ポリオキシエチレンポリオキシプロピレンアルキルエーテル型	$R-O-\left[\begin{array}{cc}H & CH_3\\ \mid & \mid\\ C-C-O\\ \mid & \mid\\ H & H\end{array}\right]_m(E)_nH$ $m=4\sim8,\ n=1\sim20$	ポリオキシエチレンとポリオキシプロピレンのブロック型界面活性剤で, 耐熱性のO/WとW/O型の両エマルションがつくれる. 乳化剤, 可溶化剤として優れている
ポリオキシエチレングリコール脂肪酸エステル型	$R-CO-O-(EO)_nH$	乳化剤, 可溶化剤, 分散剤, パール光沢付与剤, 増粘剤など多目的に適合
ソルビタン脂肪酸エステル型	$\begin{array}{c}\quad H\quad\quad\quad\ O\\ \quad\mid\quad\quad\quad\ \parallel\\ HO-C-CH-O-C-R\\ \mid\quad\mid\quad H\ H\\ H_2C\ \ CH\ \ \mid\ \ \mid\quad O\\ \diagdown O\diagup\ \ C-C-O-C-R\\ \quad\quad\mid\ \ \mid\quad\parallel\\ \quad\quad O-C-R\ \ O\\ \quad\quad\quad\ \parallel\\ \quad\quad\quad\ O\quad R=C_{10\sim18}\end{array}$	乳化剤, 乳化安定剤, 分散剤, 食品添加剤, 食器用リンス剤, 防曇剤, 消泡剤, 防錆剤など
ポリグリセリン脂酸エステル型	$\begin{array}{c}\ \ H\\ \mid\\ H_2C-CH_2O-(CH_2CHCH_2O)_n-CH_2CHCH_2\\ \mid\ \ \ \mid\quad\quad\quad\quad\mid\quad\quad\quad\ \mid\ \ \mid\\ OR\ OR\quad\quad\quad\ OR\quad\quad\quad OR\ OR\end{array}$ $n=2, 4, 6, 8$	乳化剤, 可溶化剤, 分散剤, 滑沢剤, 食品添加剤, 食器用洗浄剤, 防曇剤, 帯電防止剤, など

$R=C_{8\sim16}$, アシル基, $R'=H$, CH_3, CH_3CH_2, $EO=C_2H_4O$, $X=F$, Cl, Br, $\phi=$フェニル基

も HLB 値はほとんど同じような値になる．

　乳化，分散，発泡，浸透，ぬれ，可溶化などにおいて，それぞれの現象にもっとも適合した界面活性剤を HLB 値を使用して選ぶにはどのようにしたらよいのか考えてみよう．まず，調べようとする界面現象についてもっとも好ましい状態の HLB 値をモデル実験によって，たとえば，表 5.6 に示すように，あらかじめ決めておく．この HLB 値を要求 HLB 値（required HLB）という．したがって，界面現象によって決まる要求 HLB 値にもっとも適合した HLB 値の界面活性剤を選べばよいことになる．そのとき，2 種類以上の界面活性剤を混合して用いる場合はそれぞれの HLB 値の重量分率で計算することができる．このように，HLB は界面現象と界面活性剤の分子構造との関係を調べるうえで重要な指針となっている．

　次に，実用化されているおもな界面活性剤の化学構造式と性質を表 5.7 にまとめて示す．アニオン界面活性剤は一般的目的に広く使用され，起泡性，洗浄性，乳化性，湿潤などに優れている．カチオン界面活性剤は殺菌剤，消毒剤，リンス剤に使われる．洗浄力，起泡力は一般にアニオン性より低い．両性界面活性剤は起泡力，洗浄力があり，柔軟剤や帯電防止剤などにも使われる．ほかの界面活性剤と併用ができ，低刺激性で，広い pH 範囲で使用することができる．非イオン界面活性剤は乳化，洗浄，分散，湿潤など極めて広範囲に利用することができる．食用添加剤や食器用洗剤などにも使用されている．

　炭化水素鎖が直鎖と分岐している場合，さらに不飽和結合があるか，フェニル基類があるかなどで界面活性剤の性質は異なる．親水基にはこれら以外に 18 クラウンエーテル，糖類，フェロセンなどにして，錯体や分子間化合物を形成するようにした特殊な界面活性剤もある．親油基には炭化フッ素や炭化フッ素と炭化水素を組み合わせた基団のものもある．これは耐熱，強酸，強アルカリ性中でも使うことができる．さらに，ケイ素やホウ素を含む界面活性剤も合成されている．これらは耐熱性の他に撥水性もあるため特殊な用途がある．最近では，界面活性剤の化学構造と性質との関係がだんだん解明されてきたので，多鎖多親水基型の分子構造をもった界面活性剤も合成されている．さらに，多機能化させた界面活性剤の開発がしきりに行われている．

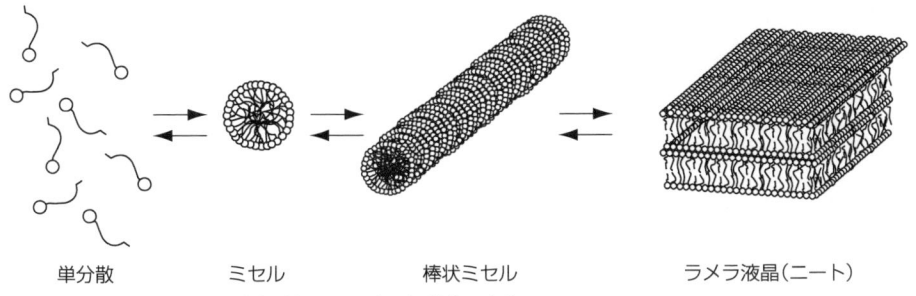

単分散　　　ミセル　　　棒状ミセル　　　　ラメラ液晶(ニート)

図 5.15　濃度増加による自己組織体の変化
濃度の増加につれて自己組織体の共存する種類や状態が異なる．

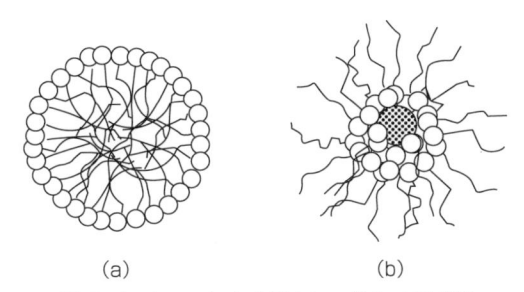

(a)　　　　　　(b)

図 5.16　ミセル(a)と逆ミセル(b)の模式図
正ミセルは通常ミセルとよばれる．

5.4.2　界面活性剤溶液の性質

a．濃度と溶存状態

　界面活性剤には水に溶けやすい水溶性界面活性剤と油に溶けやすい油溶性界面活性剤とがある．一般に，界面活性剤は水に溶かして用いられることが多いが，潤滑剤や油性塗料などでは油溶性の界面活性剤が用いられる．

　界面活性剤を水に溶かすと濃度によって図5.15のように溶存状態が変わる．低濃度では種類によらず界面活性剤は単分散状態で溶ける．そして，界面に吸着して，表面張力や界面張力を下げ，界面状態を熱力学的に安定化するように作用する．濃度が増加すると，図5.16(a)に示すように50～100分子が親水基を外側に向け疎水基を内側にした球形の超分子会合体の"ミセル(micelle)"を形成する．

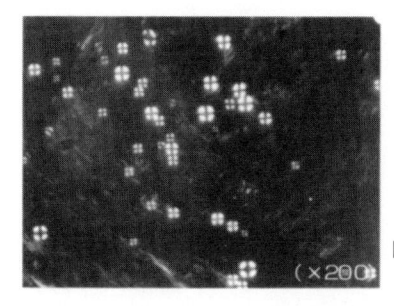

図 5.17 両親媒性物質のニート液晶相が偏光で示す十字ニコル

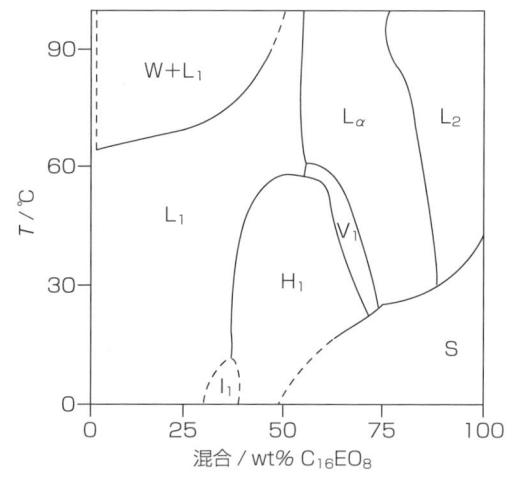

図 5.18 非イオン界面活性剤 $C_{16}(EO)_8$-水系の相図
L_1：ミセル (isotropic)，I_1：キュービック，H_1：ヘキサゴナル (middle)，V_1：スポンジ型 (bicontinuous)，L_a：ラメラ (Neat)，L_2：逆ミセル (isotropic)，W：水相，S：水和固体相.
[D. J. Mitchell, et al., J. Chem. Soc., Faraday Trans. I, 79, 975 (1983)]

油溶性の界面活性剤の場合には図 5.16(b) に示すように，親水基を内側に向け疎水基を外側にした 5〜20 分子のミセルを形成する．このタイプのミセルを逆ミセル (reverse micelle) という．

界面活性剤の濃度が増加すると，ミセルは棒状やひも状となり，溶液に粘性がでてくる．ニート相は界面活性剤分子の二分子層からなる板状や層状の会合体液晶で，X線回折や図 5.17 のような偏光による十字ニコルが観察される．さらに濃度が増すと，棒状のミセルが最密に充填したヘキサゴナル状の液晶になる．この

図 5.19 自己組織体の種類と形

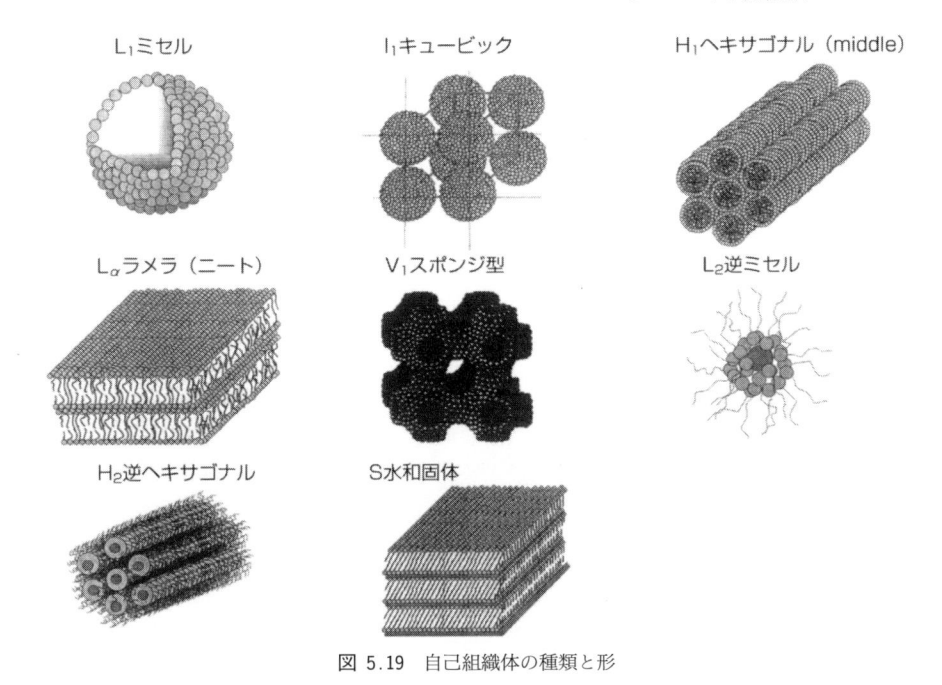

液晶状態をミドル相という．濃度が増加して，相対的に水の量が減少すると，水分子が界面活性剤の極性部に水和結合した水和固体の結晶となる．図 5.18 はポリオキシエチレン型の非イオン界面活性剤（$C_{12}(EO)_8$）と水の相図を示す．相図中の記号は界面活性剤の擬似液晶相を表す．これらの各液晶相は図 5.19 で模式的に示すような自己組織体をつくる．

界面に吸着して，界面の性質を変えるのは単分散状態でおもにおこる．ミセル溶液は単分散状態と会合体とが共存した溶液である．洗浄や可溶化などはミセル溶液において有効に現れる現象であり，よく調べられている．ニート相やミドル相の液晶溶液は乳化や可溶化など実用面で機能性の溶液として多く用いられている．

b．溶解度と温度

イオン界面活性剤の水への溶解性は温度によって著しく変化する．たとえば，界面活性剤の結晶を水に入れ温度を変えると，低温度では結晶（表面は水和している）と単分散状に溶解した溶液になる．さらに温度を上げると，結晶の内部ま

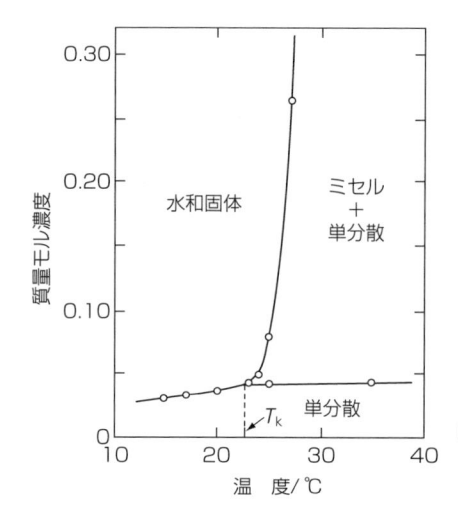

図 5.20 デシルスルホン酸ナトリウムの水に対する溶解度との温度変化　T_K：クラフト点.

で水和がおこり，それと同時に，水への溶解度が図5.20に示すように，急激に増大する．このときの温度をクラフト点（Krafft temperature, T_k）という．そして，溶液は単分散とミセルとが共存したミセル溶液になる．したがって，界面活性剤は T_k 温度以上でないと，ミセル溶液をつくることができない．

非イオン界面活性剤においても原理的には T_k 温度は存在する．しかし，通常は，マイナス温度になるため現れていない．一方，非イオン界面活性剤溶液は高温度になるとミセル状の溶解ができなくなり，溶解性が減少し，白濁が現れてくる．この現象を曇点現象という．白濁が現れる温度を曇点（cloud point, T_c）という．T_c 温度は無機塩や低分子アルコールなどの添加物によっても変化する．

c．単分散の性質

界面活性剤を水に溶かした溶液の表面張力は濃度によってどのように変化するのであろうか．温度を一定に保ち，濃度を対数目盛りにとると表面張力は図5.21のように変化する．濃度の増加につれて表面張力ははじめは緩やかに減少するが，その後は直線的に減少する．そして，折れ点を経て，さらに濃度が増加しても表面張力は変化しなくなる．折れ点が現れる濃度が溶液中にミセルが形成する濃度で，臨界ミセル濃度（critical micelle concentration, cmc）である．ミセルは外側に親水基を向けた構造をした大きな親水性の会合体になるため，溶液の実効濃

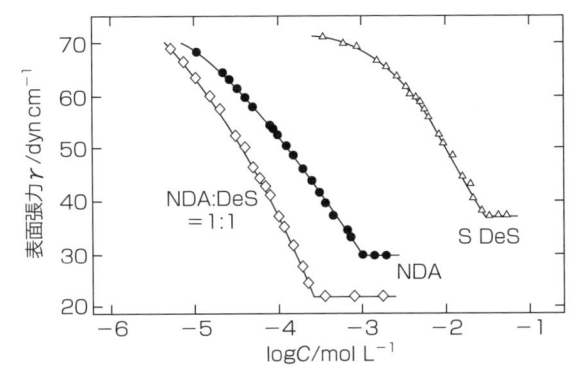

図 5.21　界面活性剤の表面張力濃度曲線（30℃）
△：デシル硫酸ナトリウム，●：N-ドデシル-β-アラニン，◇：デシル硫酸ナトリウム：N-ドデシル-β-アラニンの1：1混合物．

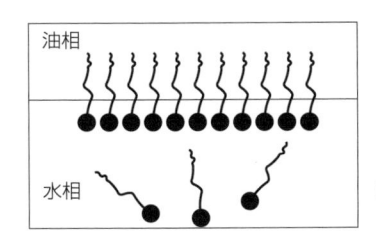

図 5.22　界面活性剤の油・水界面における吸着モデル図

度が単分散濃度のように添加量に依存して変わらなくなるので，低ミセル濃度の溶液では表面張力が一定になる．

　図5.21のように単独系のドデシル硫酸ナトリウムに両イオン性界面活性剤 N-ドデシル-β-アラニンを1：1で混合すると，それぞれの性質より表面張力が低下し，さらにミセル形成濃度やミセル溶液の表面張力も低くなり界面活性が著しく増加することがわかる．界面活性剤を実用に供するときは単独系で使用するよりも混合して用いることによって，このような優れた性質の発現を利用している．

　界面活性剤が界面張力を低下させる作用があるのは分子論的に次のように説明できる．界面活性剤が図5.22に示すように界面に吸着すると親水基部位が水の凝集エネルギーを受けとめ，活性剤分子の共有結合を通して油相に熱運動として伝

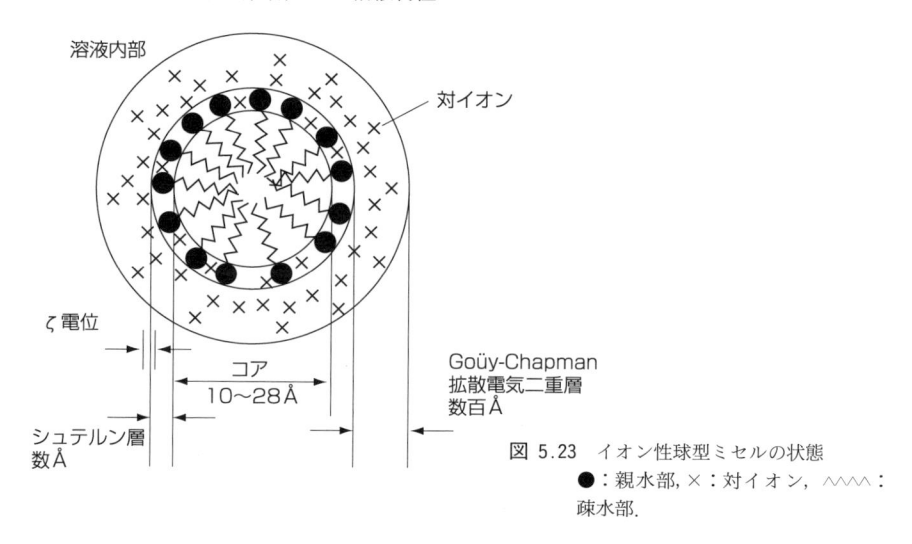

図 5.23 イオン性球型ミセルの状態
●：親水部，×：対イオン，〰〰：疎水部．

達する．一方，油相の凝集エネルギーは炭化水素鎖で受けとめ，それを共有結合内の運動として水相側に伝達する．その結果，界面に局在した大きな凝集エネルギーの差異は広範囲に広がり傾斜エネルギー構造となり，界面でのエネルギー差が分散するようになるため，界面張力は小さくなると考えられる．

d. ミセルと可溶化

　界面活性剤の単分散濃度が増加してcmcになると，界面活性剤の分子が50〜100個集合した超分子会合体のミセルをつくる．ミセルがどうしてできるのか分子論的に考えてみる．炭化水素鎖のまわりの水は疎水結合によって，束縛を受けた状態になっている．濃度が増加してcmc近くになると，このような疎水結合をした水状態をもった界面活性剤分子が多くなる．そこで，二つの分子鎖が近づくと，それぞれの炭化水素鎖のまわりに存在している束縛水の分子数は炭化水素鎖が互いに接することにより減少する．すなわち，疎水結合で束縛されていた水分子は自由水となり，水分子のエントロピーが増加する．このように溶媒の水のエントロピーが増大するために，ある濃度以上になると界面活性剤の分子は互いに接して，ミセル状の会合体を形成すると考えられる．

　ミセルの大きさと構造は模式的に図5.23のように低濃度では球形である．ミセルをつくっている界面活性剤分子は溶液中の単分散分子と速やかに交換して動的

表 5.8 イオン性ミセルの動的性質 (25°C)

界面活性剤	$CH_3(CH_2)_{11}SO_4 \cdot Na$
cmc/mmol dm^{-3}	8.2
平均会合数 A_n	64
ミセルの回転半径 R_h/nm	3.0〜3.5
単分散とミセルの会合・分離速度 v/μs	6
ミセルの崩壊速度 v/ms	40〜70
ミセルへの会合速度定数 k^+/mol dm^{-3} s	1.2×10^9
ミセルからの単分散分離速度定数 k^-/s	1.0×10^7
ミセル表面での対イオン移動速度 v/ns	1〜10
ミセル表面上の水の緩和速度 τ/ns	6〜37 で純水の 1/2 から 1/3
ミセル内の炭化水素緩和速度 τ/ns	1〜100 で油相とほぼ同じ

平衡になっている．熱力学的にはミセルは溶液中の単分散分子と安定な会合平衡になっていると考えられる．そのために，ミセルは単分散分子の濃度が cmc 以下になると存在できなくなる．イオン性ミセルは，対イオンの 20〜30% が電離しているので，大きな球状の電解質とも考えられる．また，ミセル内部は炭化水素鎖が固体ではなく液体の状態になっているので，小さな油滴と考えることができる．イオン性ミセルの性質をまとめると表 5.8 のようになる．

ミセルは cmc より少し高い濃度までは球形であるが，さらに濃度を高くすると前述したように球状ミセルがつながった棒状ミセルやひも状ミセルになる．イオン界面活性剤のミセル系では無機塩を加えると棒状やひも状の巨大ミセルができやすくなる．このような大きなミセルは水溶性の線状高分子溶液と同じように溶液の粘性が大きくなり，なかには延糸性を示すものもある．

炭化水素鎖が同族列である界面活性剤のミセル形成濃度 [cmc] は一定温度で長鎖の炭化水素の炭素原子数 n に対して，

$$\log[\text{cmc}] = B - A \times n \tag{5.29}$$

の関係で与えられる．ここで，A と B は界面活性剤の種類による定数で表 5.9 にその値を示す．また，R(EO)$_x$ 型の非イオン界面活性剤の [cmc] は

$$\log[\text{cmc}] = f + g \times X \tag{5.30}$$

となる．ここで，f, g は定数である．

界面活性剤の [cmc] は無機塩を加えると低下する．とくに，アニオンとカチオン界面活性剤の場合，[cmc] は

5.4 界面活性剤とその溶液物性

表 5.9 式(5.29)の係数

界面活性剤	温度/°C	A	B
脂肪酸カリウム	25	1.92	0.290
脂肪酸カリウム	45	2.03	0.292
アルカンスルホン酸塩	40	1.59	0.294
アルカンスルホン酸塩	50	1.63	0.294
アルキル硫酸塩	45	1.42	0.295
アルキル塩化アンモニウム	45	1.79	0.296
アルキルトリメチル臭化アンモニウム	60	1.7	0.292

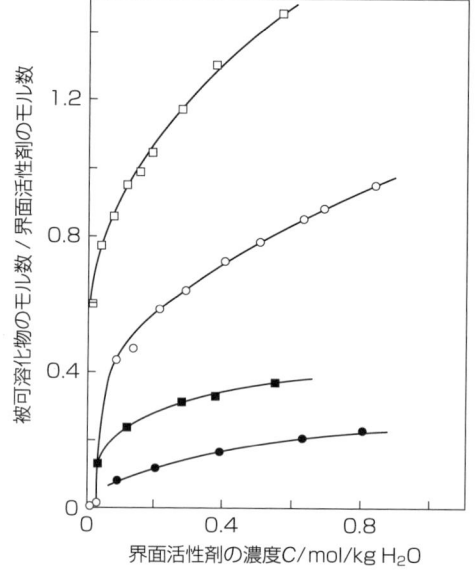

図 5.24 ベンゼンとヘプタンの可溶化 ミリスチン酸ナトリウムのミセルへのベンゼン（□）とヘプタン（■）．ラウリン酸ナトリウムのミセルへのベンゼン（○）とヘプタン（●）．

$$\log[\mathrm{cmc}] = p - q \ln C_i \tag{5.31}$$

で与えられる．ここで，C_iは全イオン濃度で，p, qは定数である．非イオンと両イオン性の場合は

$$\log[\mathrm{cmc}] = -k\,C_\mathrm{s} \tag{5.32}$$

となる．ここで，C_sは全単分散濃度である．ミセルの平均会合数A_nは一般に長鎖の炭素数nが大きいほど大きくなり，添加無機塩の濃度が高くなるほど大きくなる．

　　　　(a)　　　　　　　　(b)　　　　　　　　(c)

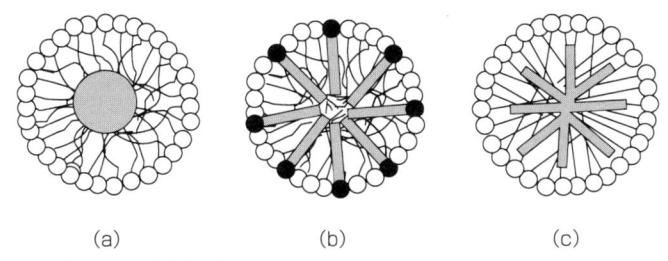

図 5.25 可溶化したミセルのタイプ
　　（a）コア-シェル型（炭化水素，芳香族の可溶化）
　　（b）混合ミセル型（長鎖のアルコール，アミンの可溶化）
　　（c）パリセード型（長鎖の炭化水素などの可溶化）

　水に難溶性の油性物質や油性染料などの有機分子（被可溶化物という）はミセル内部の油滴部分に容易に溶解させることができる．このような現象を可溶化（solubilization）という．可溶化はミセル溶液の一つの特徴で，油滴部分に対する被可溶化物の溶解であるため，飽和現象が現れる．図 5.24 はラウリン酸ナトリウムとミリスチン酸ナトリウムによってベンゼンとヘプタンを可溶化したときの可溶化量と界面活性剤の濃度の関係を示す．可溶化剤は鎖長の違いにより可溶化量が異なり，また被可溶化物はその極性によって可溶化量が違うことがわかる．

　図 5.25 に示すように無極性の炭化水素やベンゼンなどの被可溶化物はミセル内部のコア（core）に入り，図（a）の構造になる．脂肪酸，アミン，アルコールなど極性が大きな物質は極性部をミセルの極性部と同じ位置にして混合ミセルの図（b）の構造になる．また，長鎖の炭化水素鎖はミセルの界面活性剤分子間のパリセード層（palisade layer）に入り，図（c）の構造になる．可溶化したミセルの状態を可溶化ミセル（solubilized micelle）または膨潤ミセル（swollen micelle）という．このような状態のミセルは熱力学的に安定なマイクロエマルションとよばれる状態と明確に区別することができない．

　可溶化の初期において，可溶化量と界面活性剤の濃度との勾配は可溶化能（solubilization power）とよばれ，界面活性剤の性質を示す重要な因子の一つである．油性汚れなどが界面活性剤で洗浄されるのはミセルが可溶化する機能に基づいている．可溶化の現象は熱力学的に平衡系である．そこで，温度一定の下で平衡状態における可溶化量は

$$\text{可溶化量} = \frac{\text{被可溶化物の物質量}}{\text{界面活性剤のミセル物質量}} = \frac{n_\text{D}}{n_\text{S}} = \frac{(W/M)}{V(C_\text{o}-C)} \tag{5.33}$$

より求められる．ここで，W は分子量 M の物質が可溶化した質量，V は cmc が C_o で濃度 C のミセル溶液の体積である．

5.4.3 熱力学によるミセル形成熱および可溶化熱の求め方

界面活性剤ミセルは温度，圧力一定の下で，式(5.34)のような会合平衡をとる．

$$mS + pNa \rightleftarrows M_m^{(m-p)-} \tag{5.34}$$

ここで，S は単分散の界面活性イオン，Na は対イオン，M はミセルを表す．また，m はミセルの会合数，$(m-p)^-$ はミセルの電荷を表す．ミセルの会合数 m がアボガドロ定数ほど大きくなく，会合状態が熱的にゆらぎを生じるために，ミセルはエネルギー的に一様でなく，その会合数も本質的に一定にならずにわずかに分布をもつ．しかし，熱力学的な会合平衡系のため，ここでは簡略化して扱うために，それぞれのミセルは一様で，しかもミセルの内部は全体として一つの油相として考えることができるとする．ミセル形成熱は cmc の温度依存性から，また可溶化熱は油・水 2 相間における被可溶化物の分配平衡定数の温度依存性が測定されるならば，ギブズ-ヘルムホルツの式から熱力学的に求められる．そこで，このような仮定の下でミセルの熱力学パラメーターを求めるための熱力学的な展開をしてみよう．

式(5.34)において，解離平衡定数を K_m とすると，各成分濃度を C とすると，温度圧力が一定の場合，

$$K_m = \frac{C_\text{M}}{C_\text{S}^m \times C_\text{Na}^p} \tag{5.35}$$

となる．また，各成分の化学ポテンシャル μ は

$$\left.\begin{aligned}\mu_\text{S} &= \mu_\text{S}^\text{o} + RT \ln C_\text{S} \\ \mu_\text{Na} &= \mu_\text{Na}^\text{o} + RT \ln C_\text{Na} \\ \mu_\text{M} &= \mu_\text{M}^\text{o} + RT \ln C_\text{M}\end{aligned}\right\} \tag{5.36}$$

ここで，μ^o は各成分の標準化学ポテンシャルである．単分散とミセルは平衡において，ギブズ-デュエムの式

$$\sum \nu_i \mu_i = 0 \tag{5.37}$$

表 5.10　界面活性剤の標準ミセル形成熱 (30℃)

(kJ mol^{-1})

種類	化学構造	ΔG_M^o	ΔH_M^o	$T\Delta S_M^o$
アニオン性	$C_{10}H_{21}SO_4Na$	−18.74	<0.1	18.84
カチオン性	$C_{10}H_{21}N^+(CH_3)_3Br^-$	−17.0	2.4	19.4
非イオン性	$C_{10}H_{21}(EO)_8OH$	−27.0	18.5	45.5
両イオン性	$C_{10}H_{21}N^+(H)_2CH_2COO^-$	−19.71	3.86	23.57
	$C_{10}H_{21}N^+(H)_2(CH_2)_2COO^-$	−21.8	11.8	32.9

ミセル形成は ΔH_M^o よりも $T\Delta S_M^o$ 支配であることがわかる．

が成り立つ．ここで，ν_i は式(5.34)の化学量論係数である．式(5.34)で表せるミセル形成における各成分の標準自由エネルギー変化を ΔG^o とすると

$$\Delta G^o = \mu_M^o - m\mu_S^o - (m-p)\mu_{Na}^o \tag{5.38}$$

となる．m 分子が会合したミセルに対して，ミセル 1 mol あたりの標準形成自由エネルギー変化 ΔG_M^o は

$$\Delta G_M^o = \Delta G^o/m$$
$$= -RT\left[-(1/m)\ln C_M + \ln C_S + \{1-(p/m)\}\ln C_{Na}\right] \tag{5.39}$$

となる．cmc では $C_S = C_{Na} = cmc$，および $p/m = \beta$ とすると，

$$\Delta G_M^o = -RT(2-\beta)\ln cmc \tag{5.40}$$

$$\Delta H_M^o = -RT^2\left[(2-\beta)\left(\frac{\partial \ln cmc}{\partial T}\right)_p - \left(\frac{\partial \beta}{\partial T}\right)_p \ln cmc\right] \tag{5.41}$$

$$\Delta S_M^o = (1/T)(\Delta H_M^o - \Delta G_M^o) \tag{5.42}$$

より，熱力学パラメーターをそれぞれ求めることができる．β はミセル状態における対イオン解離に依存するパラメーターで，cmc 前後における電気伝導度の勾配から見積もることができる．また，非イオン界面活性剤の場合は $\beta = 1$ とおくことによって求めることができる．標準ミセル形成熱 ΔH_M^o は cmc の温度変化と β の温度依存性がわかれば求めることができる．表 5.10 はおもな界面活性剤ミセル形成の熱力学パラメーターを示す．

界面活性剤を 2 種類混合すると，ミセルは混合ミセルを形成する．しかし，ミセルは混合界面活性剤の熱力学的に安定な会合体となるために，一般に仕込みの混合組成と形成ミセルの混合組成とは一致しない．混合ミセルの cmc は容易に測定することができる．そこで，混合ミセルの組成は熱力学的に求めることができる．

界面活性剤1と2の混合系があったとする．いま，混合界面活性剤中の2の仕込みのモル分率を X_2^0，混合ミセル中の成分2のモル分率を $X_2^{0,M}$ とすると，

$$X_2^{0,M} = X_s^{0,2} - 2\,X_s^{0,1}\,X_s^{0,2}\left(\frac{\partial \ln cmc}{\partial X}\right)_{T,p} \tag{5.43}$$

の式から計算することができる．ここで，下ツキの s は単分散濃度でのモル分率を表す．

可溶化現象は相互溶解現象のヒドロトロピー（hydrotropy）や尿素水溶液と炭化水素化合物が形成する包接化合物(clathrate compounds または urea adducts)などによる溶解現象とは区別して扱わねばならない．

5.5 液体の薄膜と泡

"シャボン玉"はきれいな色が縞模様に現れ，空気中でたえず動いている．シャボン玉や泡は薄い液体の膜なのになかなか壊れない．しかし，純粋な水ではシャボン玉や泡などをつくることはできない．界面活性剤を溶かした水溶液では簡単にシャボン玉や泡をつくることができる．では，泡などの液体の膜はどのような構造で，どんな性質をもっているのであろうか．

5.5.1 液体薄膜の構造

図5.26のように細いガラスや白金線で柄のついた枠をつくる．そして，界面活性剤の水溶液に枠を完全に浸して（図(a)）から，静かに引き上げる（図(b)）と泡膜が得られる．そのままで，観察していると，やがて枠の上部より虹色が現れてくる．枠に膜ができるまでのようすを，もう少し詳しく調べてみよう．

枠を浸した水溶液と水蒸気相との界面は界面活性剤の吸着単分子膜で覆われている．枠の上端が水面をよぎって引き上げられると，枠の両面にできる新しい水面もただちに吸着がおこり，単分子膜で覆われる．吸着分子は，疎水基部を水蒸気相に向け，親水基部を溶液中に接して，図(c)のような配向になる．このような構造の膜を液体薄膜（liquid thin film）または泡膜（foam film）といい，内部の溶液を芯液（core liquid）という．

芯液は両面が吸着膜で覆われているので蒸発がおこり難い．そのため，液膜は，

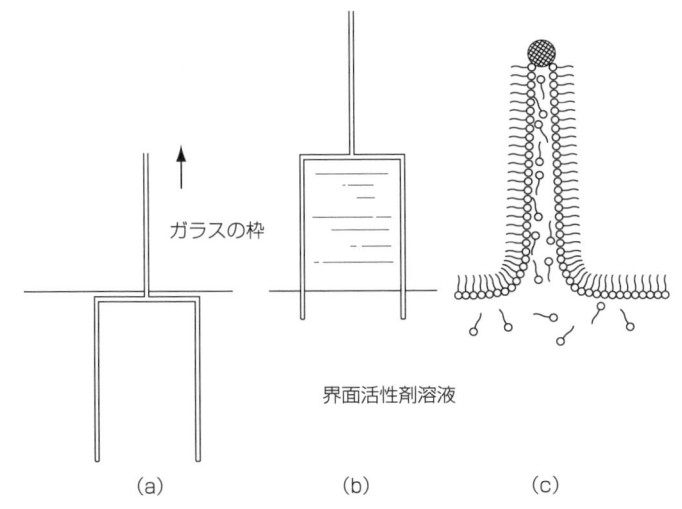

図 5.26 液体薄膜のつくり方
枠を溶液に入れる(a),薄膜(b),薄膜にできる吸着単分子膜(c).

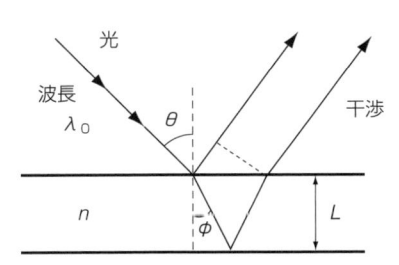

図 5.27 液膜の屈折率 n のときの光干渉
$\sin\theta = n\sin\phi$.

とくに飽和水蒸気中では,比較的長時間枠に保たれる.しかし,芯液は重力の影響で排液(drainage)されるため,液膜は少しずつ薄化する.その結果,液膜がある厚さになると,光の干渉がおこり,虹色が観察されるようになる.

液膜の光干渉は極めて複雑である.いま,液膜が均一組成で,動的変化をしないとして,光の干渉を考えてみよう.図5.27のように照射する光の波長を λ_0,液膜の厚さを L,屈折率を n として,外から膜に入った光と膜の法線方向との角を ϕ とすると,

$$2nL\cos\phi = \{(2p+1)/2\}\lambda_0 \qquad p = 0, 1, 2\cdots\cdots \qquad (5.44)$$

となる.ここで,p は液膜中にできる縞の上からの番数である.芯液の流下で,液

5.5 液体の薄膜と泡

図中ラベル：
- 黒膜
- シルバー膜
- 紫〜青膜
- 黄膜
- 赤膜

図 5.28 泡膜の光干渉

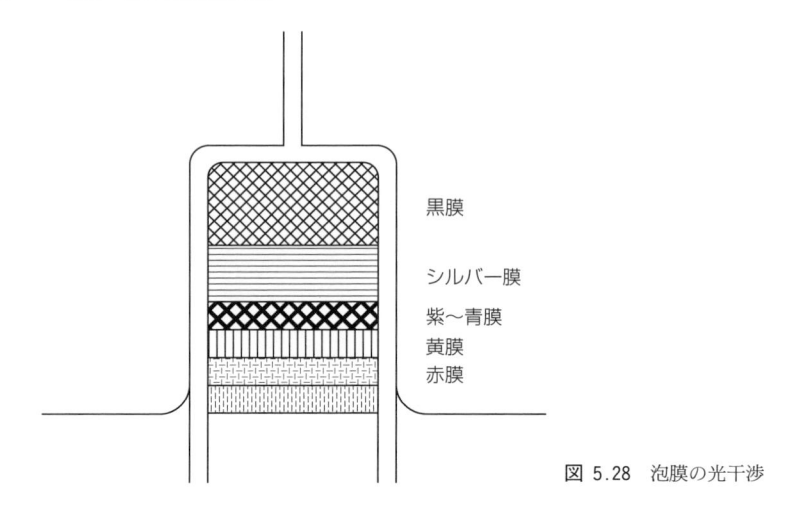

膜が薄化するにつれて，干渉色の縞の幅がだんだん広くなり，液膜の上部と下部での厚さがあまり変わらなくなってくる．このようになると，急に液膜の下部から上部に向かって，光の干渉を示さない透明な縞やスポット（写真に撮ると黒くみえる点）が現れ，激しく移動し，上部に多くみえるようになる．この現象は局部的に光の干渉をおこさない程度に薄い膜の箇所が現れるためである．重力の影響で膜の上部から液が流れ込みその場所の厚さは回復するが流下した上部が薄化するために，スポットは這いあがるようにみえる．

そして，上端部より，突然，光の干渉色がない，無色の帯が図 5.28 のように現れてくる．これを黒膜（black film）という．黒膜状態になると芯液は大部分が重力で流下して，排液された状態である．そのため，両面に吸着している単分子膜の膜間には引力が働いているので，薄くなるにつれてさらに膜を薄くするような作用が現れる．しかし，同時に親水基間には反発力が働くので，膜の薄化を妨げる逆の作用も生じる．その結果，液膜の厚さが一定に保たれる．

この状態の液膜の表と裏にある吸着単分子間に働く相互作用力を分離圧（disjoining pressure）という．この分離圧の概念は液膜状態で生じる過剰エネルギーとして，デルヤーギン（B. Derjaguin）によって導入された．水面上につくられる吸着単分子膜と液膜状の吸着単分子膜とではエネルギー状態が異なっている．そのために，図 5.26 で溶液の表面から液膜に移行する点に接触角 θ が現れる．θ

の値は0〜15°で，無機塩を加えた方が大きな値となる．

ドデシル硫酸ナトリウム，ノニルフェニルスルホン酸ナトリウム，塩化デシルアンモニウム，デシルオキシエチレンデシルエーテルなどのcmc水溶液から，容易に液膜をつくることができる．ドデシル硫酸ナトリウムに8質量%のドデシルアルコールを加えて，それを水に0.15質量%溶かした溶液でつくった液膜は壊れるときにシャキシャキと音がするほどに硬い膜（dry film）になる．

5.5.2 泡

泡（foam）は泡沫とかうたかたとかいわれ，壊れやすく，儚（はかな）く，とるに足らない，役に立たない物の例えとしてよく使われている．しかし，泡は工業的に利用価値の高い"状態"で，建築材，化粧品，食品，浮選，再生紙，下水処理などいろいろな分野で使われている．一方では，泡は生産工程の途中に発生して，効率や品質の低下を招き，妨害となり，障害をおこす．そのため，どのようにして泡を消したらよいのか，泡の発生を防ぐにはどのようにしたよいのかなどと多くの問題がある．そこで，ここでは泡の基本的な性質について考えてみよう．

気体が薄い厚さの液膜で覆われた状態で液面上に1個ある状態を単一泡沫（single foam または bubble）といい，泡が集合して存在している状態をたんに泡沫または泡沫塊（foam）という．そして，水中に気体が存在する状態を気泡（cavity）といい，泡沫と区別する．その理由は界面活性剤の溶液中の気泡が溶液の表面と同じ吸着単分子膜の状態であるのに対して，泡沫の場合は，膜の両面が吸着単分子膜の状態になっているからである．泡の形成は気泡が水面に近づくにつれて，水面と気泡との間の液が排出され，水面の吸着膜と気泡面の吸着膜が相互作用した状態になる．そのため，泡膜の両面の吸着膜は水面に単独にある吸着膜とはエネルギー状態が異なっている．

水中で小さな気泡は球に近い．泡が集まって泡沫塊となると，その上部の方は芯液が流下して，膜が薄化する．そのために，泡沫塊は図5.29のように平面の薄膜の多角多面体が集合した状態になる．泡と泡の接点は必ず3交点であって，4交点になることはめったにない．この交点はプラトーボーダー（Plateau border）といわれ，薄膜中の芯液が吸い寄せられる点で泡の安定化の機構を考えるとき重要な役割をしている．

5.5 液体の薄膜と泡

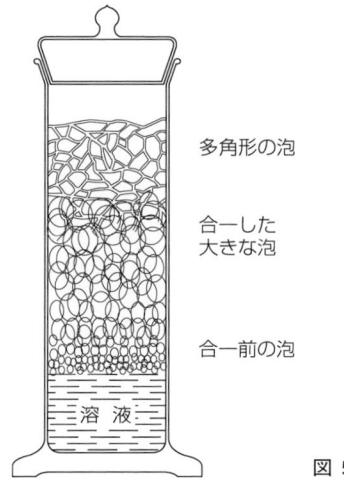

図 5.29 泡の時間変化

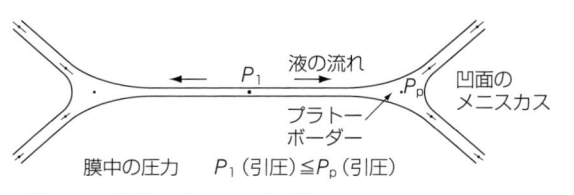

図 5.30 泡膜とプラトーボーダー
泡膜中の液はプラトーボーダーに向かって流れる．

膜中の圧力　P_1（引圧）$\leq P_p$（引圧）

多角多面体となった平面の泡膜は両面が吸着単分子膜で覆われた液体薄膜である．そのため，膜の両面の間には相互作用が働き，分離圧（disjoining pressure）が作用している．しかし，図5.30に示すように三つの平行薄膜は必ずプラトーボーダーの凹面のメニスカスにそれぞれ面している．そのため，毛管上昇における引圧の作用と同じように，平行膜の中にある芯液の静水圧はプラトーボーダーにある液体の静水圧（引圧）と平衡になっている．

そこで，熱振動や機械的作用で膜の厚さが図5.31のように，もしも局部的により薄くなり，不安定化してもすぐに回復することができる．いま，図(a)のように両面の吸着膜の密度が変わらないような場合を考えよう．薄化により，膜間の分離圧は急に増加するため，プラトーボーダーから液が流出して，膜は元の厚さに回復する．しかし，図(b)のように両面の単分子膜が減少する場合には，表面

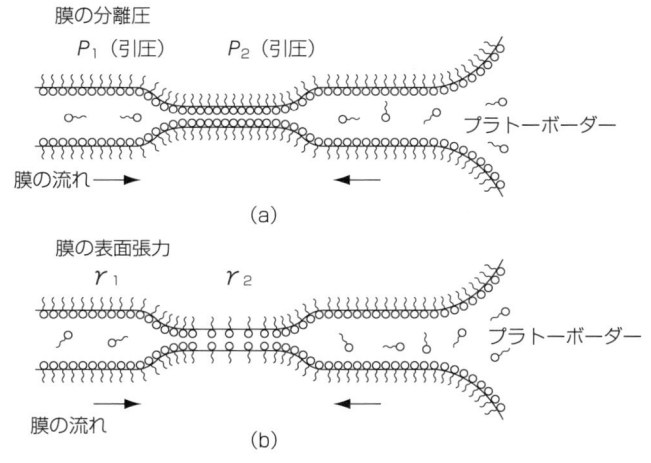

図 5.31 泡膜の局所的薄化と修復現象
 (a) 対称熟運動による薄化（P_1（引圧）<P_2（引圧））
 (b) 機械的伸張による薄化（$\gamma_1<\gamma_2$でマラゴニー効果）

張力が局部的に増加するため，周囲から下層液を伴って膜が流れ込むようになり，膜は元の厚さに回復する．このようにして，プラトーボーダーは黒膜になった薄い泡膜を一定の厚さに保持する役目をしている．とくに，後者のような作用をマラゴニー効果（Marangoni effect）といい，膜の安定化の説明として重要である．

泡の安定性はいろいろな方法で測定できる．たとえば，ロス・マイレス（Ross Miles）法は発泡液を一定の高さからシリンダー中に滴下させ，生じた泡沫柱の高さを測定する．そのほかに，エプトン管に泡を発生させて，一定時間後の泡沫柱の高さまたは泡沫柱が半分の高さになるまでの時間，すなわち，半減期などをパラメーターとして表すことができる．

5.5.3 消泡と抑泡

泡は不安定で，消えやすいと考えられるが，工場の生産工程で泡が発生して，障害になることが多い．では泡はどのようにしたら発生を抑えることができ，また消すことができるのであろうか．発生した泡を消すことを消泡または破泡（foam break）といい，泡の発生を防ぐことを抑泡（antifoaming）という．

5.5 液体の薄膜と泡

a. 消泡

泡のできやすさと安定性とは必ずしも関係がない．泡ができやすくても薄膜の状態が不安定であればすぐに壊れてしまう．その逆に，泡ができ難くても薄膜が安定で，芯液の流下が遅ければ長時間安定である．芯液の平均流下速度 V_{av}

$$V_{av} = \rho g L^2 / 8\eta \tag{5.45}$$

で与えられる．ここで，ρ は密度，g は重力の加速度，L は泡膜の厚さ，η は粘性である．

消泡には化学的消泡と物理的消泡とがある．

（i）化学的消泡　　泡の表面膜は界面活性な物質で覆われ，安定になっている．そのような泡膜を壊すためには膜を形成している物質よりもさらに界面活性で，しかもその物は溶媒に溶けてしまうか，蒸発して安定な吸着膜をつくらないような薬剤を滴下するとよい．たとえば，低分子量のアルコール，アミン，エーテルなどはよい破泡剤である．破泡剤の添加により局所的に表面張力が周囲より低下するので泡膜は図 5.32 に示すようにマラゴニー効果によりさらに薄くなり，破泡する．

（ii）物理的消泡　　泡膜の物理的強度は極めて弱いので，熱，ぬれ，機械的作用などを利用することによって能率よく破泡することができる．たとえば，泡の表面に熱線を触れたり，泡にぬれないような針状の障害をおいたり，器壁を泡にぬれないようにするなどによって消泡する．また，これらの方法を組み合わせることによってさらに効率よく消泡することができる．

b. 抑泡

発生する泡を消すための破泡剤（消泡剤ともいう）は常に系に滴下され続けることが必要である．しかし，起泡の原因となる物質よりもさらに界面活性で，そ

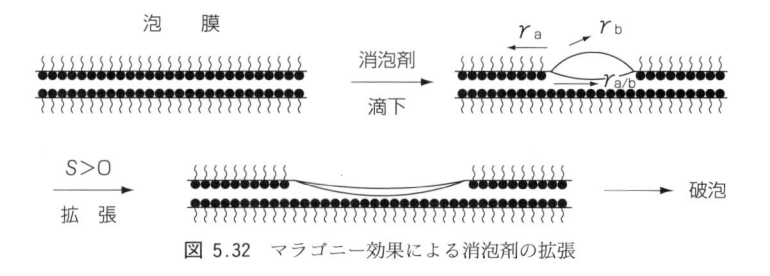

図 5.32　マラゴニー効果による消泡剤の拡張

のうえ溶媒に溶け難く,蒸発もしないような物質を液面におくと,泡の発生がおこらなくなる.このような作用をする薬剤を抑泡剤 (foam inhibitor) という.抑泡剤は液面には広がることができてもそのものは溶媒に溶けないので泡膜をつくることができない.たとえば,シリコーン系の泡止め剤など多くの種類がある.残留した泡止め剤が系の性質や状態を変えることもあるので目的にあわせて泡止め剤を選ぶ必要がある.

5.5.4 泡の利用と障害

泡は多くの分野において有用に新しい剤型として利用されたり,逆に泡が機能や品質を劣化させてしまうということになり,発泡が障害になることもある.表5.11 は,泡を利用して,実用化した場合と逆に泡の発生が障害となる場合を示している.泡は材料の性質ではなく,その形態を変えるだけであるが,近年,香粧品や医薬品などの分野で泡を積極的に利用することにより,新しい機能や使用性を改善させる形状剤として広く利用されるようになってきた.

古紙の再生や鉱物から金属を分離したりするときにも泡は有効に利用されてい

表 5.11 工業における有用な泡と障害となる泡

分類	分散系	例
工業的に有用な泡	[気/液]	・[鉱業] 浮遊選鉱,泡沫分離(吸着の向上) ・[化粧品] 洗顔フォーム,シェイビングフォーム,シャンプー(付着性,使用感の向上) ・[食品] ホイップクリーム(食味・食感の向上) ・[口腔製品] 泡状フッ素製剤(F イオンの交換反応の促進) ・[その他] 消火剤(付着性,油火災の消火力の向上)
	[気/固]	・[食品] ケーキ,パン,ビスケット(ソフト,食味・食感) ・[建設] 軽量気泡コンクリート(軽量化,保温,耐熱性) ・[プラスチックス] 発泡ポリスチレン,ウレタンフォーム(弾力性,吸収性,保温の向上) ・[窯業] 泡ガラス(保温,軽量化)
工業的に不都合な泡	[気/液]	・[発酵] 発酵工業における発泡 ・[石油] 潤滑油の表面泡(もれ,焼き付け) ・[環境] 排水処理
	[気/固]	・[塗料] 塗膜(はじき,凹み,ゆず肌) ・[パルプ] 製紙工程の泡(ピンホール,斑点)

る．最近フッ素含有発泡型歯磨剤なども新しく開発されている．虫歯予防にフッ素は有効であるが，とくに泡状にした歯磨きは溶液状に比べて歯牙表面にフッ素イオンを極めて迅速で有効に塗布できることが知られている．将来，発泡高分子材料のように，発泡セラミックスや発泡金属などが耐熱性，耐強度性などからもっと有用なエレクトロニクス材料や建築資材として使用されるようになるであろう．

演習問題

5.1 直径5 cmの球形油滴を界面活性剤の水溶液に加えて，乳化し，平均粒子直径0.1 μmのO/W型エマルションを調製した．油水界面における界面活性剤の吸着分子面積を0.48 nm²としたとき，形成されるエマルションの全油滴界面を吸着するのに必要な界面活性剤の物質量を求めなさい．

5.2 界面活性剤の液晶相(LC相)で乳化したO/Wエマルションと微粒子などで乳化した3相型O/Wエマルションとはどのような違いが期待されるか述べよ．

5.3 水に分散した微粒子やエマルションは表面に拡散電気二重層を形成する．20°Cで1 mmol L^{-1}, 10 mmol L^{-1}, 100 mmol L^{-1}のNaClを添加したときに形成する電気二重層の厚さはいくらになるか求めなさい．

5.4 表5.5と式(5.28)を用いて，ドデシル硫酸ナトリウムとオクタオキシエチレンドデシルエーテルのHLB値をそれぞれ求めなさい．

5.5 表5.10のミセル形成の熱力学パラメーターを参考にして，界面活性剤の水溶液でミセル形成の自由エネルギー変化がエンタルピー支配ではなくエントロピー支配になる理由を考察しなさい．

5.6 金のコロイド粒子が0.01 μmの立方体と仮定する．金の密度を19.3 g cm^{-3}としたとき，1 gの金から何個のコロイド粒子ができるか．またこの1 gの金コロイド粒子の全表面積（比表面積）を求めよ．

6 表面・界面の評価

- 表面エネルギーの種々な測定法について学ぶ．
- 電子線・光・X 線などによる表面分析法を学ぶ．

身近でおこっている重要な現象は，表面および界面現象である場合が多い．たとえばぬれと分散，印刷や接着，吸着と触媒反応，腐食や防食，表面処理あるいは改質，帯電，潤滑，その他の各種現象は表面・界面現象である．これらの現象の解析や機構解明に，あるいは表面や界面の制御による材料の高性能化，高機能化をはかるために，表面・界面の物性測定とその評価，そして表面・界面状態の分析評価は非常に大切である．ここでは各種表面・界面の物性測定や状態の分析評価法について述べる．

6.1 表面の評価，物性の測定

6.1.1 表面自由エネルギー

固体の表面自由エネルギー (surface free energy) の測定は，液体の場合に比較して難しく，各種の方法で求められている．表面自由エネルギーは，1.2.2, 2.1.2 項で述べたように表面に存在する分子や原子と，固体内部に存在している分子や原子それぞれとの間のエネルギー差 ΔE であり，新しい表面 ΔA はそのエネルギー差の仕事で形成される．すなわち，単位面積あたりの表面自由エネルギーは $\Delta E/\Delta A$ で表され，これは表面張力に等しい．しかし，固体の場合は液体と異なり，単位面積あたりの表面自由エネルギーは表面張力と数値的に等しくない．温度が十分に高く分子や原子の拡散が十分に速くおこり表面状態が本質的に変化のないときのみ一致する．通常固体の表面張力は結晶面の違いや表面の原子配列に密接に関係している．たとえば低温度で表面を増加させたとき，空孔の発生や原子の

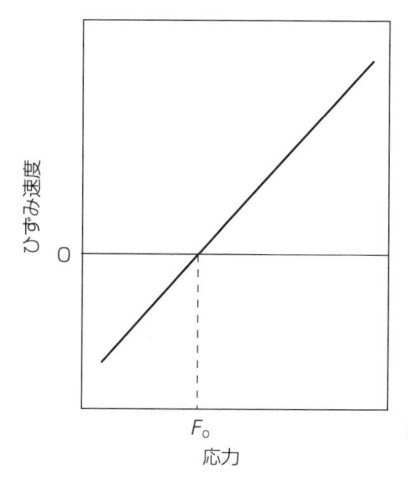

図 6.1 ゼロクリープ法ひずみ速度と応力の関係の概略図

平衡間隔の変化（ひずみ）が生じるので表面張力は一定ではなく，また不純物の選択的吸着や微量成分の偏析などでも表面張力は変化する（2.2.4～2.2.7項参照）．したがって表面張力は表面自由エネルギーとは一致しない．表面自由エネルギーのおもな測定方法を以下に示す．

a．ゼロクリープ法

　金属の表面自由エネルギーは，金属の細線あるいは薄膜の試料を用い，この方法で測定されている．金属の融点付近の温度において，金属試料に種々の応力を加え試料の伸び速度や収縮速度を測定すると，これらのひずみ速度と応力の関係は図6.1のように直線関係を示す．この速度がゼロのとき，試料に加えた応力と金属の細線や薄膜の表面周囲にそって働いている表面張力とがつりあっていることになる．金属の細線を用いた場合次式が成立する．

$$\gamma dS = F_0 dL \tag{6.1}$$

ここで，γ は表面張力，S は表面積，F_0 は応力，L は細線の長さを示す．

　細線の表面積 S，および体積 V はそれぞれ次式で表される．

$$S = 2\pi rL + 2\pi r^2 \tag{6.2}$$

$$V = \pi r^2 L \tag{6.3}$$

$$S = 2(\pi LV)^{1/2} + 2V/L \tag{6.4}$$

ここで，r は細線の半径を示す．

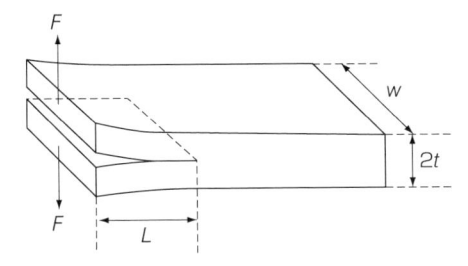

図 6.2 へき開法の概略図

細線が応力によって変形しても，細線の体積変化はないものとすると次式が導かれる．

$$dS/dL = (\pi V/L)^{1/2} - 2V/L^2 \tag{6.5}$$

したがって，式(6.1)と(6.5)より

$$F_0 = \gamma\{(\pi V/L)^{1/2} - 2V/L^2\} = \gamma(\pi r - 2\pi r^2/L) \tag{6.6}$$

また細線の半径 r が細線の長さ L に比較して小さいとすると，右辺の2項は無視できるので，表面張力 γ は次式から導かれる．

$$\gamma = F_0/\pi r \tag{6.7}$$

一般に融点付近における物質の表面張力は，融体の表面張力より10～20%大きいとされている．

b． へき開法

結晶をへき開するときに要した仕事量から固体の表面自由エネルギーを求めることができる．すなわち，図6.2に示すように固体表面にあらかじめ長さ L のクラックをつけ，そこから固体をへき開したとき，それに要した臨界応力 F と表面張力 γ との間には次の関係式が成立する．

$$\gamma = \frac{6F^2L^2}{Yw^2t^3} \tag{6.8}$$

ここで，Y はヤング率，w は試験片の幅，$2t$ は試験片の厚みを示す．

この方法やその他の方法で求めた表面自由エネルギーの値を表6.1に示す．

c． Griffithの式

固体の破壊強度 σ と亀裂の長さ L との間に次のGriffithの関係式がある．

6.1 表面の評価,物性の測定

表 6.1 へき開法やその他の方法によって求めた表面自由エネルギー

結 晶	へき開面	表面自由エネルギー/×10⁻³ J m⁻²		測定方法
		測定値	理論値	
LiF	(100)	340	370	へき開法
MgO	(100)	1 200	1 300	へき開法
CaF$_2$	(100)	450	540	へき開法
CaCO$_3$	(1010)	230	380	へき開法
Si	(111)	1 240	890	へき開法
Zn	(0001)	105	185	へき開法
		表面自由エネルギー	測定温度 (K)	
Cu (面心立方)		1 430±15	1 323	ゼロクリープ法
Ag (面心立方)		1 140±9.0	1 173	ゼロクリープ法
Au (面心立方)		1 400±65	1 323	ゼロクリープ法

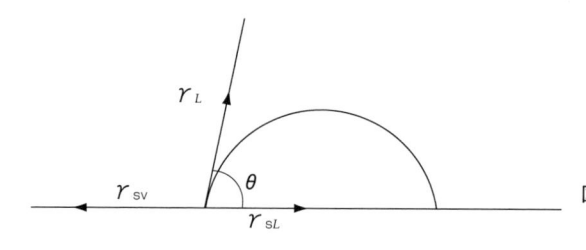

図 6.3 固体表面上における液滴の接触角

$$\sigma = \frac{2Y\gamma}{\pi L} \quad (6.9)$$

ここで,Y はヤング率,γ は表面張力を示す.

d. 接触角から求める方法(2.5.4 項参照)

固体表面におかれた液滴が,図 6.3 に示すように固体表面とある角度 θ をなし平衡にあるとき次式が成立している.

$$\gamma_{SV} = \gamma_{SL} + \gamma_L \cos\theta \quad (6.10)$$

ここで,γ_{SV} は固体の表面自由エネルギー,γ_{SL} は固液界面の表面自由エネルギー,γ_L は液体の表面自由エネルギーを示す.

角度 θ は接触角といわれ,固体表面のぬれ性を示す尺度となる.この接触角の測定により,固体の表面自由エネルギーの無極性成分が求められる.いま,固体の表面自由エネルギーγ_S を次式のように無極性成分 γ_S^d と極性成分 γ_S^p との和で表せると仮定する.

$$\gamma_s = \gamma_s^d + \gamma_s^p \tag{6.11}$$

固体と液体の界面における相互作用が分散力のみで無極性相互作用であるとする．すなわち液滴が飽和炭化水素，あるいは無極性の分子性液体とすると，その界面自由エネルギーは次式で表せる．

$$\gamma_{SL} = \gamma_s + \gamma_L - 2(\gamma_s^d \gamma_L)^{1/2} \tag{6.12}$$

固体表面が低エネルギーで，液体によってぬれず，またその気体の固体表面上の吸着膜が示す二次元圧が無視できると仮定すると，$\gamma_{SV} = \gamma_s$ となる．したがって，式(6.10)，(6.11)と(6.12)より次式が導かれる．

$$\gamma_s^d = \frac{\gamma_L}{4}(1+\cos\theta)^2 \tag{6.13}$$

このようにして求められる γ_s^d は，前述のように表面自由エネルギーの無極性成分である．

Zismann らは，ポリマーに対して各種液体の接触角 θ を測定し，液体の表面自由エネルギーと $\cos\theta$ が直線関係にあることを示した．この直線と $\cos\theta = 1$ が交わる交点における表面張力の値は，臨界表面張力 (critical surface tension) γ_c とよばれ，各固体に特有の値をもち，固体表面の特性を評価する一つの指標となっている（2.5.4項参照）．

6.1.2 表面エネルギー

表面自由エネルギーではないが，表面の一つの物性値である表面エネルギーは溶解熱の測定から求められる．溶解熱は固体の溶解前後における熱含量の差である．したがって同一重量ではあるが表面積の異なる二つの粉体を溶解させたとき，溶液中における溶解状態は比表面積が異なっていても同一であるので，溶解熱の差は粉体状態における熱含量の差である．すなわち，この値は両試料の表面エンタルピーの差に等しい．同一物質であるが比表面積が異なる粉体の単位重量あたりの溶解熱を測定した結果の模式図を図6.4に示す．すなわち溶解熱の差 ΔQ と比表面積の差 ΔS より表面エンタルピー H_s が次式より求められ，これは直線の勾配である．

$$H_s = \Delta Q / \Delta S \tag{6.14}$$

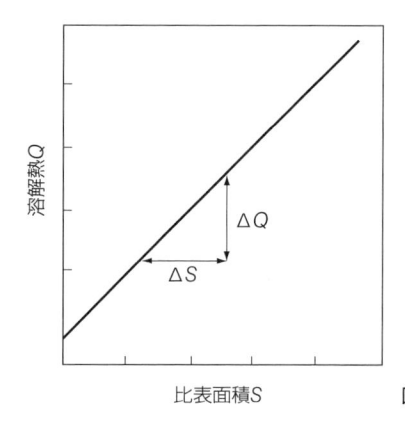

図 6.4　粉体の比表面積と溶解熱

一方表面エネルギー E_s は，次式で示される．

$$E_s = H_s - PV \tag{6.15}$$

ここで，PV は固体の場合通常小さい値であるのでこの項は無視できる．したがって，表面エネルギー E_s は表面エンタルピー H_s に等しい．NaCl の表面エネルギーがこの方法で 0.305 J m^{-2} と求められている．

6.1.3　ぬれ性

ぬれ性（wettability）は固体表面の特性や粉体の分散性を評価するうえで重要な物性値である．簡便な方法として接触角の測定と分散嗜好性実験がある．前者については，2.5.1 項および 2.5.2 項を参照．後者については，単一液体に対する分散嗜好性実験と，2 種類の液体の混合比を変え，表面張力を徐々に変化させた混合液体に対する分散嗜好性の実験とがある．2 種類の液体を用いる方法では，固体表面上で 2 種類の液体分子の選択的吸着がおきる場合があるので注意する必要がある．

6.1.4　固液界面エネルギーと湿潤熱

固体試料を加熱脱気などで清浄な表面とし，次に試料を溶解しない，あるいは試料と化学反応をおこさない液体の中にその試料を浸漬したときの表面自由エネルギー変化 ΔG_i は次式で示される．

$$\Delta G_i = \gamma_{sL} - \gamma_s \tag{6.16}$$

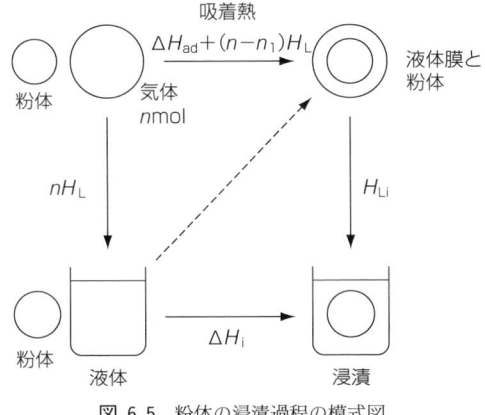

図 6.5 粉体の浸漬過程の模式図

ここで，γ_{sL}，γ_s は固液界面および固体の単位表面積あたりの表面自由エネルギーを示す．

また，この浸漬で発生する熱量 ΔH_i は，表面自由エネルギー変化や固液界面エンタルピーと次式で示されるような関係にある．

$$\Delta H_i = \Delta G_i - T\left(\frac{\partial \Delta G_i}{\partial T}\right)_P \tag{6.17}$$

$$\Delta H_i = H_{sL} - H_s, \quad H_{sL} = \Delta H_i + H_s \tag{6.18}$$

ここで，H_{sL}，H_s は固液界面および固体表面のエンタルピーである．

したがって，界面エンタルピー H_{sL} は，表面エンタルピーがわかっていれば湿潤熱の測定から求めることができる．定圧下，表面エンタルピーと表面エネルギーの各変化の関係は次式で示される．

$$\Delta H = \Delta E + P\Delta V \tag{6.19}$$

この場合，ΔV の変化は小さく無視できるので，$\Delta H = \Delta E$ となる．すなわち，浸漬による表面エンタルピーの変化は，表面エネルギーの変化である．

また粉体の浸漬過程は，模式的に図 6.5 に示される過程で表される．いま n mol の液体分子がそれらの蒸発熱に等しい nH_L の熱量を供給されて蒸発し，その内の n_1 mol の蒸気が表面積 $S/m^2 g^{-1}$ の粉体表面に吸着すると仮定すると，吸着熱 ΔH_{ad} が発生する．さらに残りの $(n-n_1)$ mol の蒸気がその液体の凝縮熱を放出して粉体表面に凝縮すると仮定すると，$(n-n_1)H_L$ の熱が発生する．このよう

な凝縮層をもった粉体を液体中に浸漬すると湿潤熱 ΔH_{Li} が発生する．この発生した熱量は，表面積が S である液体の表面エネルギーが浸漬によって消失したことにより生じた熱量である．したがって，浸漬過程において次式が成立する．

$$\Delta H_i = -nH_L + \Delta H_{ad} + (n-n_1)H_L + \Delta H_{Li} = \Delta H_{ad} - n_1 H_L + \varepsilon S \quad (6.20)$$

ここで ε は，単位表面積あたりの液体の表面エネルギーである．粉体の表面積 S が既知でその湿潤熱 ΔH_i が測定されると，式(6.20)より吸着熱 ΔH_{ad} が推定できる．液体の蒸気を少しずつ前もって吸着させた試料の湿潤熱を逐次測定することにより，液体分子の微分吸着熱が求められる．

湿潤熱は，粉体表面と液体分子との相互作用の結果発生した熱量であることから，種々の液体に対する湿潤熱の詳細な解析から粉体表面の特性が評価される．いま液体分子を単分子層吸着した粉体の単位面積あたりの湿潤熱が液体の単位面積あたりの表面エネルギーに等しいとすると，求められた単分子層の積分吸着熱は，次式のように各成分の和で示される．

$$\Delta H_{ad} = \Delta H_d + \Delta H_{ip} + \Delta H_p \quad (6.21)$$

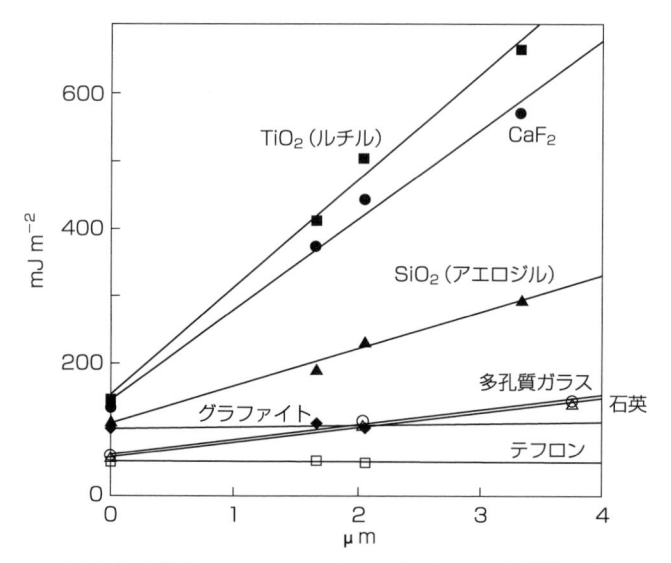

図 6.6 双極子モーメントの異なる液体を用いての湿潤熱測定
[A.C. Zettlemoyer, J.J. Chessick and O.M. Hollabangh, *J. Phys. Chem.*, **62**, 489 (1958); T. Takei and M. Chikazawa, *J. Colloid Interface Sci.*, **208**, 570 (1998) より]

すなわち粉体表面と液体分子の間の全相互作用エネルギーは，両者間の分散力相互作用エネルギーΔH_d，粉体の表面電場に誘起された液体分子の双極子と表面電場との相互作用エネルギーΔH_ip，さらに液体分子が極性分子の場合，その双極子の電場への配向による相互作用エネルギーΔH_pの和と考えられる．図6.6に湿潤熱測定より求めた固体表面と液体分子との全相互作用エネルギーに及ぼす液体分子の双極子モーメントμの影響を示す．全相互作用エネルギーとμは直線関係にある．この直線の勾配より固体表面上の平均的電場強度が求められる．

また，あらかじめ浸漬液体の蒸気を粉体表面上に多分子層吸着させて，液体と同一性質の液膜を作製する．その液膜で覆われた粉体試料を液体に浸漬したときに発生する湿潤熱は，液膜の表面積をS'とすると次式で表される．この発生熱量は表面積S'の液体の表面エネルギーが消失したことによる熱発生で，その熱量は液体の表面積S'に比例する．

$$\Delta H_\mathrm{i} = \varepsilon S' \tag{6.22}$$

すなわち湿潤熱測定で粉体の表面積が求められることになる．この方法はHarkins-Juraの絶対法とよばれる．ただし，多分子層吸着によって形成された液体の表面積S'と粉体の表面積Sとが近似的に等しいとき，すなわち，粒子径の大きさに対して多分子吸着層の厚みが小さく無視できるとき$S \fallingdotseq S'$となり，湿潤熱により算出された表面積はその粉体の表面積とみなすことができる．したがって，それが期待できない超微粒子，ミクロ細孔を有する粉体の表面積測定にこの方法は適用できない．

6.2 表面・界面分析

表面あるいは界面の分析で要求される一般的内容として次のような点があげられる．しかし表面・界面分析装置はそれぞれ特徴があり，一つの装置ですべての項目についての分析評価が行えるわけではない．したがって，分析にあたっては目的に合致した装置を選択すべきである．

（1）非破壊的分析　　プローブの種類によって破壊の程度は異なる．
（2）表面の元素分析と各元素の面内分布　　精度は微小領域の分析感度による．

(3) 配位状態とその距離
(4) 結晶・非晶の区別，結晶であればその結晶構造および露出結晶面の特定
(5) 結合状態，電子状態の分析およびそれの面内分布
(6) 表面層の深さ方向における上記各種内容の分析
(7) 官能基の種類，量，分布の分析
(8) 幾何学的表面構造
(9) その場測定　　表面での化学過程の測定が可能，汚染や表面状態変化を防止．
(10) 大気圧下での測定　　実在表面の測定．
(11) 簡便で安価な装置

以下におもな表面分析法の原理，特徴などについて述べる．

6.2.1　電子分光法

電子分光法（electron spectroscopy）は，固体表面に電子線，X線，紫外線，イオンなどを照射することで固体内の電子を励起し，表面近傍から放出される電子のエネルギーを分光する方法である．X線光電子分光法，オージェ電子分光法などが広く利用されている．

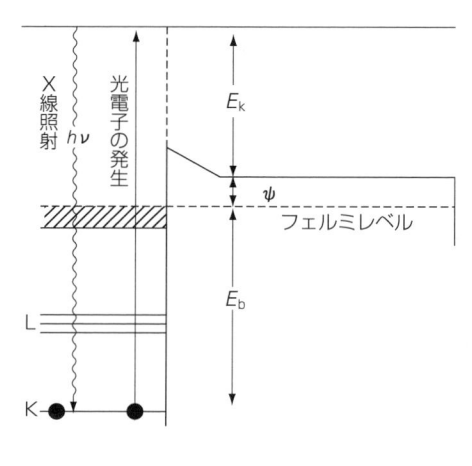

図 6.7　光電子の発生機構

a． X線光電子分光法

 X線光電子分光法（X-ray photoelectron spectroscopy, XPS；electron spectroscopy for chemical Analysis, ESCA）の原理を簡単に説明する．図6.7に示すようにX線を試料に入射し，試料中に存在するそれぞれの原子の各軌道にある電子を励起して，真空中に放出させる．このような過程で生じた電子の運動エネルギーを測定解析する分光法で，放出された電子には次式が成立する．

$$E_\mathrm{b} = h\nu - E_\mathrm{k} - \psi \tag{6.23}$$

ここで，E_bは電子の束縛エネルギー，E_kは放出電子の運動エネルギー，$h\nu$は照射したX線のエネルギー，ψは分光器の仕事関数を示す．

 入射ビームとして用いられるX線としてマグネシウムやアルミニウムの特性X線が用いられている．放出電子のエネルギー分解能は用いられるX線源の線幅に依存するので，その線幅以上に分解能を上げることは困難である．

 X線ビームのエネルギーが小さいことから試料表面のダメージが極めて少なく有機物はじめ固体全般に広く用いることができる．検出される放出電子の運動エネルギーは，原子中での電子のエネルギー状態に密接に関係しているので，原子の配位状態や結合状態などを知ることができる点に特徴がある．

（i） XPSの特徴および得られる情報

（1） 非破壊的分析法である．

（2） 表面から数Å～数十Å程度（3モノレイヤー）の表面層の分析が可能．

（3） H, Heの分析はできないが，リチウムより原子番号の大きい元素の組成分析が可能．数十μm程度までの表面微小領域の分析ができる．

（4） 原子の配位状態，電子状態の解析が可能．

（5） 試料表面をスパッタリングできる機能を装置に組み込むことにより，深さ方向の組成分析や結合状態の分析が可能．

（6） 角度分解法を用いることにより非破壊で深さ方向の組成・結合状態の分布を測定可能．

（ii） 測定可能な試料と測定上の注意点

（1） 導電性物質から絶縁体まで各種物質の測定が可能．

（2） 試料形状は板状物がもっとも適切．細線や粉末試料の場合は試料ホルダーを工夫することにより測定可能．

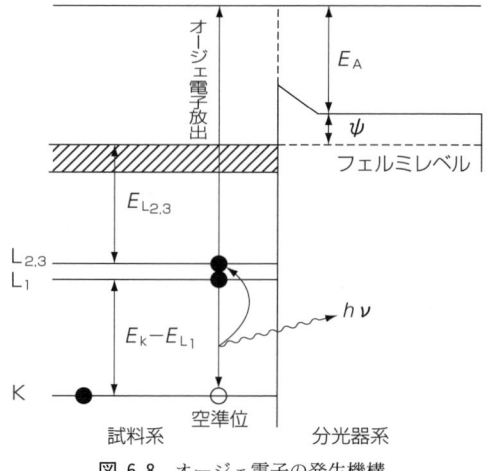

図 6.8 オージェ電子の発生機構

（3） チャージアップの影響はオージェ電子分光法よりも軽微．電子シャワー装置を装塡することでチャージアップの防止可能．

b．オージェ電子分光法

オージェ電子分光法（Auger electron spectroscopy，AES）の原理は，試料に電子ビームを照射し，放出されたオージェ電子のエネルギーを測定解析する分光法である．オージェ電子は，M. P. Auger によって発見され，図 6.8 で示される機構によって真空中に放出される二次電子である．図で示されるように試料の内核電子である K 核の電子が励起され放出されると，K 核に空のエネルギー順位が生じる．この空になった順位に L 核のエネルギーの高い電子が落ち込むと，両者のエネルギー順位差のエネルギーは，特性 X 線として放出されるか，あるいはほかの L 核の電子に与えられオージェ電子として放出される．このオージェ電子の放出される過程を KLL オージェ遷移，放出された電子を KLL 電子という．この過程は次式で表される．

$$E_A = E_K - E_{L1} - E_{L2,3} - \psi \tag{6.24}$$

ここで，E_A はオージェ電子のエネルギー，E_K は K 核の 1s 電子のエネルギー，E_{L1} は K 核の 2s 電子のエネルギー，$E_{L2,3}$ は 2p 電子のエネルギー，ψ は分光器の仕事関数を示す．

したがって，オージェ電子のエネルギーが原子のエネルギー順位の関数で表さ

れることから，元素特有の値となり，元素の同定が可能となる．この分析法の分析感度は，元素によって異なるが表面原子のおよそ0.1原子％と高い．また電子ビームを走査させると走査AES(SAM)になり，表面元素の面分布が求められる．オージェ電子分光法では分析に強い電子ビームを照射するので，有機物や酸化物の表面などでは破壊されることがあるので注意する必要がある．また電子線を照射するので電気伝導性の低い有機物試料の測定はチャージアップの影響が生じるのでその対策が必要である．

（ⅰ）　AESの特徴および得られる情報
（1）　非破壊的分析法ではない．
（2）　表面から数Å〜数十Å程度（3モノレイヤー）の表面層の分析が可能．
（3）　H，Heの分析はできないが，Liより原子番号の大きい元素の組成分析が可能．
（4）　表面の非常に微小な領域，数十nm程度の分析が可能．したがって電子ビームを走査することで，走査方向における表面の線分析，位置をずらしてその走査を繰り返すことで表面の面分析が可能．
（5）　スペクトルの形状とエネルギー変化から原子の化学結合状態の分析が可能．
（6）　試料表面をスパッタリングできる機能を装置に組み込むことにより，深さ方向についての各種の分析が可能．

（ⅱ）　測定可能な試料と測定上の注意点
（1）　電子線の照射によるチャージアップの心配のない金属や半導体などの導電性物質の分析は容易であるが，絶縁体など電子線照射によるチャージアップがおこる試料ではその対策が必要である．
（2）　試料形状として，板状の物質が適切．細線や粉末試料の場合はホルダーを工夫する必要がある．
（3）　酸化物や有機物は電子線の照射により分解することがある．

6.2.2　フーリエ変換赤外分光法（Fourier transform infrared spectroscopy, FT-IR）

分子を構成している原子間の振動は，原子の質量と結合の強さに密接に関係している．いま，質量m_1とm_2の二つの原子からなる分子の赤外吸収共鳴振動数は，

次式で表される．

$$\nu = \frac{1}{2\pi}\sqrt{\frac{k}{M}} \tag{6.25}$$

したがって，共鳴の振動波数は式(6.26)となる．

$$\nu = \frac{1}{2\pi C}\sqrt{\frac{k}{M}} \tag{6.26}$$

ここで，C は光の速さ，k は力の定数，M は $m_1 m_2/(m_1+m_2)$ を示す．

(ⅰ) FT-IR の特徴および得られる情報
（1） 表面の結合構造や結合状態，および配向についての情報が得られる．
（2） 表面吸着種の種類，構造，吸着状態，配向状態がわかる．
（3） 同位体化合物を用いることによって測定情報を一層正確に，かつ増加することができる．
（4） in situ 測定が可能である．
（5） ラマン分光法と同じ情報が得られるが，互いに相補的関係にある．すなわちラマン不活性な場合でも IR 活性となる．

(ⅱ) 測定可能な試料と測定上の注意点
（1） 薄膜，蒸着膜，透過性板状試料，粉体など形態を問わず，簡便に測定可能．
（2） 広い範囲での温度領域や圧力下で測定可能．
（3） 測定目的の結合の吸収強度にもよるが，測定には表面の数％の被覆量が必要．

6.2.3 走査トンネル顕微鏡 (scanning tunneling microscopy, STM)

固体表面に鋭い金属針の探針を図6.9のように接近させ，両者に電位差を与えるとトンネル電流が流れる．このトンネル電流 I は二つの平面電極を距離 d まで接近させ電位差 V を与えたとき次式で与えられる．

$$I \propto (V/d)\exp(-A\psi^{1/2}d) \tag{6.27}$$

ここで，ψ は探針と試料間の仕事関数の平均値，A は定数を示す．

具体的には，d が1Å変化するとトンネル電流は一桁増減することになるので，d の変化に対して非常に感度よく測定できる．

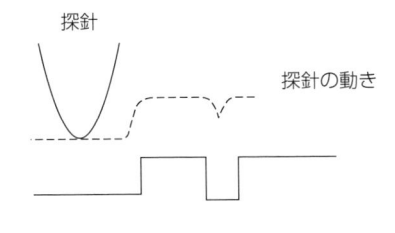

図 6.9 走査トンネル顕微鏡による表面観察モデル

トンネル電流は図 6.9 のような場合，探針先端の狭い領域に集中して流れる．このような状態で試料表面にそって探針を水平に走査すると，トンネル電流は表面の凹凸に応じて変動する．実際の測定では探針を移動させる駆動系にフィードバックしてトンネル電流が一定の値になるように探針を上下させる．したがって同一の組成表面では，表面と探針は一定の距離を保ちながら水平に走査することになる．表面の凹凸はこのフィードバックさせる信号に密接に関係するので，この信号を画像化することにより，走査方向の表面凹凸像が得られる．表面の原子像も同様の原理で求められる．

（ⅰ）STM の特徴および得られる情報

（1） 表面原子の電子状態を通して表面構造を観察する方法なので，導電性物質の表面の原子配列や表面電子状態を原子レベルで直接測定可能．

（2） 空間分解能は，探針の形状に大きく左右されるが，表面に垂直方向で約 2 pm の表面凹凸を，また水平方向では 0.2 nm の原子間間隔を分析可能．

（3） 導電性材料の巨視的表面形状も測定可能．

（4） 表面の原子操作・人工的な表面改質が可能．

（ⅱ）測定可能な試料と測定上の注意点

（1） 導電性物質が測定可能．絶縁性試料の表面測定には AFM が使用される．

（2） 試料の形状は原理的には問題にならないが，原子配列を測定する場合，表面が平坦であることが必要．

（3） 大気中・溶液中・真空中・高温・低温などの各種条件下で測定可能．

（4） 高分解能 TEM と比較すると，試料の薄膜化が不要であり，また電子線照射による試料のダメージはない．

（5） 探針の先端形状は常に実験の成否や分解能を左右する最大の要因であ

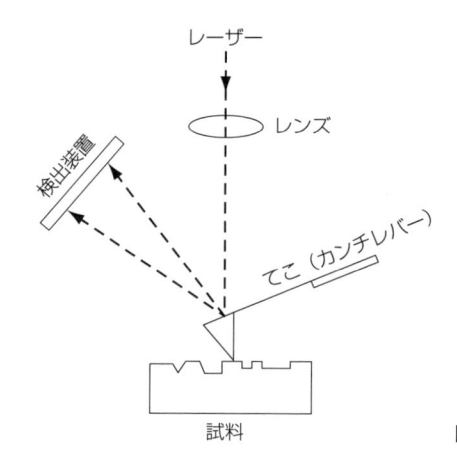

図 6.10 原子間力顕微鏡装置の概略図

る．

6.2.4 原子間力顕微鏡

原子間力顕微鏡（atomic force microscopy，AFM）は絶縁体でも測定できるように，STM の改良ではじまった．原理は図 6.10 に示すように，小さいてこ先端の探針を表面に接触させ表面を移動させると，段差の箇所で段差の大きさに応じててこにたわみが生じる．このてこのたわみによる首振り運動をてこの背面におけるレーザー光の反射角度の変化として検出する方法である．AFM は原子的分解能をもつので，近年固体表面の評価装置として急速に普及している．

（ⅰ）AFM の特徴および得られる情報

（1）表面の凹凸測定では三次元方向で原子的分解能で測定が可能．

（2）表面における各種の力に関する情報（摩擦力，静電気力，磁気力，凝着力，吸着力）測定が可能．接触測定で表面凹凸，摩擦力，堅さの測定が可能．非接触測定で静電気力，磁気力，弱く吸着した物質の測定が可能．

（ⅱ）測定可能な試料と測定上の注意点

（1）あらゆる固体物質の表面測定が可能．

（2）大気中・溶液中・真空中などの種々の環境下，条件下で測定可能．

演習問題の解答

1章

1.1 20°Cにおける水の表面張力は $\gamma = 73.36$ mN m^{-1} で, モル体積は $v'' = 18$ mL mol^{-1} なので,
$r = 100$ nm のとき,
$$\ln \frac{P}{P_0} = \frac{2 \times 73.36 (\text{mN m}^{-1}) \times 18 (\text{mL mol}^{-1})}{8.314 (\text{J K}^{-1} \text{mol}^{-1}) \times 293 (\text{K}) \times 100 \times 10^{-7} (\text{cm})} = 0.01084$$
したがって, $\frac{P}{P_0} = 1.011$ となる.

また, $r = 10$ nm のときは $\frac{P}{P_0} = 1.115$, $r = 1$ nm のときは $\frac{P}{P_0} = 2.965$ となる.

1.2 ヘプタン-水とヘプタン酸-水の付着仕事はそれぞれ $W_c = 42$ erg cm^{-2}, 95 erg cm^{-2} で, ヘプタン酸-水の方が約2.3倍大きい. 炭化水素は―CH$_2$―部位に比べて CH$_3$―の方が低エネルギーのため, 水に接したヘプタン分子はおもに―CH$_2$―部位で接している. 一方, 水に接したヘプタン酸は末端のカルボキシル基が水に配向し, 二次元水和層を形成する. そのため, 水からヘプタン酸界面を引き離すときにカルボキシル基の脱水和エネルギーと界面で配向していたヘプタン酸分子が引き離されることにより無秩序状態になるためのエントロピー効果との和となるために, 大きな付着仕事が必要となる.

1.3 単位格子において (100) 結晶面は, 1辺が 0.352 nm の正方形であり, その面に合計2個のニッケル原子が存在している. したがって, 原子1個が占有する面積は
$$\frac{(0.352 \times 10^{-9})^2}{2} = 6.20 \times 10^{-20} \text{ m}^2$$
(100) 結晶面 1 cm^2 上に存在する原子数は次式で求められる.
$$\frac{10^{-2} \times 10^{-2}}{6.20 \times 10^{-20}} = 1.61 \times 10^{15} \text{ (個)}$$
同様に (110) 上では, $0.352 \text{ nm} \times 0.352 \times \sqrt{2}$ nm の長方形の表面に合計2個のニッケル原子が存在している. したがって, (110) 結晶面 1 cm^2 上に存在する原子数は,
$$\frac{10^{-2} \times 10^{-2}}{0.352 \times 0.352 \times 1.414 \times 10^{-18}/2} = 1.14 \times 10^{15} \text{ (個)}$$
(111) 上では, 1辺が $0.352 \times \sqrt{2}$ nm の正三角形の表面に合計2個のニッケル原子が存在している. したがって, (111) 結晶面 1 cm^2 上に存在する原子数は,
$$\frac{10^{-2} \times 10^{-2}}{0.352 \times 0.352 \times (\sqrt{2}/2) \times (\sqrt{6}/2) \times 10^{-18}} = 9.32 \times 10^{14} \text{ (個)}$$

1.4 (100) 面上では，配位数 8，結合の切断数 4．
(110) 面上では，配位数 7，結合の切断数 5．
(111) 面上では，配位数 9，結合の切断数 3．

2 章

2.1 純液体の表面自由エネルギー変化は $\Delta G^s = \gamma \Delta A$ で与えられる．したがって，単位面積（$\Delta A = 1$）あたりの変化 ΔG^s は
$$\Delta G^s = 76.24 - 0.138\,T - 3.12 \times 10^{-4}\,T^2$$
界面熱力学の関係から
$$\left[\frac{\partial \Delta G^s}{\partial T}\right]_P = -\Delta S^s \quad \Delta S^s = 0.138 + 2 \times 3.12 \times 10^{-4} \times 303 = 0.327 \;(\text{erg K}^{-1})$$
また，
$$\left[\frac{\partial \Delta U^s}{\partial T}\right]_V = T\left[\frac{\partial \Delta S^s}{\partial T}\right]_V = C_V^s \quad C_V^s = 6.24 \times 10^{-4} \times 303 = 0.189 \;(\text{erg K}^{-1})$$

2.2 表 2.1 および式（2.9）より求める．モル体積から立方体を仮定すると，ヘキサンの 1 mol あたりの面積は 25.72 cm² mol⁻¹ であり，オクタンは 29.75 cm² mol⁻¹ となる．
ヘキサンの $U^s = 48.4\,(\text{mJ m}^{-2}) \times 25.72 \times 10^{-4}\,(\text{m}^2\,\text{mol}^{-1}) = 1244.8\;(\text{erg mol}^{-1})$
したがって，CH₂ 1 mol あたり 207.2 erg mol⁻¹．
オクタンの $U^s = 49.5\,(\text{mJ m}^{-2}) \times 29.75 \times 10^{-4}\,(\text{m}^2\,\text{mol}^{-1}) = 1472.6\;(\text{erg mol}^{-1})$
したがって，CH₂ 1 mol あたり 184.0 erg mol⁻¹．
平均として CH₂ 1 mol あたり 196 erg mol⁻¹．

2.3 対イオンを共通にする溶質二成分系の界面活性剤溶液において，それぞれの成分の吸着量はギブズの吸着式から次のように求められる．
$$\Gamma_{\text{D}^-} = \frac{1}{1+i}\left[I_{\text{Cl}^-}(1+bi) - I_{\text{D}^-}ai\right]$$
$$\Gamma_{\text{Cl}^-} = \frac{1}{1+i}\left[I_{\text{D}^-}(1+ai) - I_{\text{Cl}^-}bi\right]$$
$$\Gamma_{\text{Na}^+} = \frac{1}{1+i}\left(I_{\text{Cl}^-} + I_{\text{D}^-}\right)$$
ここで，$i = 1 - A\sqrt{C_{\text{Na}^+}}$, $\dfrac{C_{\text{D}^-}}{C_{\text{Na}^+}} = a$, $\dfrac{C_{\text{Cl}^-}}{C_{\text{Na}^+}} = b$
$$-\left[\frac{\partial \gamma}{RT\,\partial \ln C_{\text{D}^-}}\right]_{\text{NaCl}} = I_{\text{Cl}^-}, \quad -\left[\frac{\partial \gamma}{RT\,\partial \ln C_{\text{Cl}^-}}\right]_{\text{NaD}} = I_{\text{D}^-}$$
I は表面張力濃度曲線の勾配である．

2.4 等電点（IEP）は両イオン界面活性剤やタンパク質など，正電荷と負電荷が 1 分子中に当電気量存在しているイオン濃度領域で，見掛け上は静電気的に中性の状態になっている．ゼロ電荷点（ZPC）はコロイド粒子などが溶媒中で電気二重層を形成したとき，溶媒中にイオンを添加すると粒子表面の電気二重層が縮退し，固定電気層（シュテルン層）が増大して電荷がゼロになるときのイオン濃度である．

2.5 タンクローリー車からガソリンをホースで地下のタンクに移すとき，流動電位現象がおこる．すなわち，ガソリンは非電気伝導性液体であるため，ホース内を流れるときホー

ス面との間で流動摩擦によって静電気が発生し,ホース面に蓄電され,爆発の危険性がおこる.そのためにアースをとり静電気を常に地中に逃がすことが必要である.

2.6 凹型のメニスカスをもつ液面ではラプラスの式にしたがって負圧 ΔP が生じている.

$$\Delta P = 2\gamma/r$$

したがって,$\Delta P = 2 \times 7.28 \times 10^{-2}/10^{-6} = 1.46 \times 10^5$ (N m^{-2}) の圧力が必要.
1気圧は 1.01×10^5 N m^{-2} なので $1.46 \times 10^5/1.01 \times 10^5 = 1.45$ (atm) の圧力が必要.

2.7 微粒子になるにしたがい,付着力/自重の比が増大するので(2.6節参照),流動性はなくなり,安息角は大となり,かさ密度,見掛け密度は小さくなる.親水性の粉体の場合,湿度の増大により粒子の接触点付近の空隙に水蒸気が毛管凝縮するので付着力が発生する.この付着力は一般にある湿度まで湿度とともに増大する.したがって安息角は大となり,かさ密度,見掛け密度は小さくなる.

2.8 粉体の比表面積は,粉体1グラムあたりの表面積と定義されている.1辺の長さが D である立方体粒子の重量は,$D^3\rho$ となるので,1グラム中における粉体粒子の個数は次式で示される.

$$\frac{1}{D^3\rho}$$

1辺の長さが D である立方体粒子の表面積は $6D^2$ で表されるので,比表面積は次式となる.

$$\frac{1}{D^3\rho} \times 6D^2 = \frac{6}{D\rho}$$

同様に球状粒子の場合は,

$$\frac{1}{(4/3)\pi(D/2)^3\rho} \times 4\pi(D/2)^2 = \frac{6}{D\rho}$$

3章

3.1 表3.1より,W_c はシクロヘキサン 50.5 erg cm^{-2},シクロヘキサノール 66.8 erg cm^{-2} で,W_a はシクロヘキサン-水 48.0 erg cm^{-2},シクロヘキサノール-水 102.9 erg cm^{-2} である.

$$\frac{102.9 - 48.0}{66.8 - 50.5} = 3.4 \text{(倍大きい)}$$

理由:シクロヘキサノールと空気の表面ではシクロヘキサノールはシクロヘキサンとほぼ同じように炭化水素部位とヒドロキシル基とが乱れた分子配向をとるが,シクロヘキサノール-水の界面ではシクロヘキサノールのヒドロキシル基は水和し,規則的な配向をとるため,付着エネルギーは大きくなる.

3.2 ヘキサデカンの水面における拡張係数 S は式(3.7)より
$$S = W_a - 2\gamma_b = 47 - 2 \times 27.5 \fallingdotseq -8 < 0$$
したがって,ヘキサデカンは拡張しない.ヘキサデカンに脂肪酸かアルコールまたは,油溶性の界面活性剤をわずか添加して,γ_b と $\gamma_{a/b}$ を小さくすればよい.

3.3 Clausius-Clapeyron の熱力学関係を二次元の膜転移に適応すると

ここで, ΔH は転移熱で, ΔA は転移前後における分子占有面積の差で, 転移後の分子占有面積 $A \fallingdotseq A_c$ となるので, 式(3.10) より $\Delta A = [(A-A_o)_{転移前} - (A_o - A_o)_{転移後}] = RT/\pi_t$ となる. 上式に代入して, 両辺を積分すると

$$\left(\frac{\partial \pi_t}{\partial T}\right)_P = \frac{\Delta H}{T \Delta A}$$

$$\ln \pi_t = -\frac{\Delta H}{R} \cdot \frac{1}{T} + k$$

となる. 表の値を $\ln \pi_t$ と $1/T$ でプロットし, その勾配より

$$\Delta H = -36.5 \text{ kJ mol}^{-1}$$

となり, 自己組織体形成熱 ΔH は発熱現象であることがわかる.

3.4 カチオン性の展開単分子膜は一般に極性期間の静電気反発と水和が大きいため液体膨張膜 (L_1) になる. そのため, 炭化水素部位間の凝集が大きくないため基板上に転写しにくい.

3.5 リン脂質はベシクル二分子膜の炭化水素鎖間が相互に大きな凝集力となり, 炭化水素部位がゲル化する. 一方, HCO-10 は炭化水素部位にオキシエチレン部位があるためにベシクル二分子膜構造になっても炭化水素部位間の凝集はそれほど大きくない. そのため, ゲル化がおこらず安定にベシクル状態が保てると推測できる.

4 章

4.1

$$\frac{1\,000}{0.162 \times 10^{-18}} = 6.17 \times 10^{21}$$

$$\frac{6.17 \times 10^{21}}{6.023 \times 10^{23}} \times 22.4 = 23.0 \times 10^{-2} \text{ (dm}^3\text{)}$$

4.2 半径が 0.15 nm の球形分子が 3 個互いに接触して固体表面に吸着していると, 分子の中心は 1 辺が 0.3 nm の正三角形の頂点となる. この正三角形の面積は分子 1/2 個の面積に相当する.
したがって, 分子断面積は次式で示される.

$$\frac{0.3 \times 0.3 \times \sqrt{3/2}}{2} \times 2 = 0.0779 \text{ nm}^2$$

4.3 下記のラングミュアの吸着等温式は, 次のようにかき換えることができる.

$$V = \frac{V_m AP}{1 + AP}$$

$$\frac{P}{V} = \frac{1}{V_m A} + \frac{1}{V_m} P$$

したがって圧力 P と P/V との関係をプロットしたグラフは直線となる. この直線の勾配の逆数が飽和吸着量 V_m となる.

P/kPa	5	10	20	30	40	50	60	70	80	90
P/V	4.31	4.63	5.25	5.88	6.15	7.13	7.75	8.36	8.89	9.35

P/V の単位は, (kPa/mLSTP) である. グラフ (ここでは省略) より直線の勾配は

0.0625 と求められるので飽和吸着量 V_m は 16 mL STP と求められる．

5 章

5.1 半径 R の最初の油滴の体積 V は乳化後でも全体積が変わらないので，
$$V = (4\pi/3)R^3 = nv = n(4\pi/3)r^3$$
ここで，n はエマルションになった油滴 1 個の体積 v の個数である．したがって，エマルション状態での全油滴の表面積 S_T は，
$$S_\mathrm{T} = ns = n(4\pi)r^2 = (4\pi/3)R^3/r$$
油水界面に吸着する全界面活性剤の物質量 N は分子面積を A，アボガドロ定数を N_A とすると，
$$N = S_\mathrm{T}/AN_\mathrm{A} = (4\pi/3)R^3/(rAN_\mathrm{A}) = 4\times 3.14\times 2.5^3\times 2\times 10^5/48\times 10^{-16}N_\mathrm{A}$$
$$= 8.18\times 10^{21}/6.02\times 10^{23} = 13.6\ \mathrm{mmol}$$

5.2 界面活性剤の疑似液晶相による乳化エマルションは安定性に優れているが，油滴の表面は界面活性剤の吸着単分子膜となる．一方，微粒子や有機粘土などの分散系で乳化したエマルションは安定性にも優れ，さらに分散系の性質によっても性質が変えられる．

5.3 式 (5.23)′ の関係式に 25 °C で溶媒の水の物性値を代入すると，電気二重層の厚さの逆数 $\kappa\ (\mathrm{nm}^{-1})$ は共存するイオン強度を $I\ (\mathrm{mol\ L^{-1}})$ とすると，
$$\kappa = 3.285\sqrt{I}/\mathrm{nm}$$
で表される．したがって，1 mmol L^{-1} NaCl では $\kappa^{-1} = 9.63$ nm，10 mmol L^{-1} NaCl では $\kappa^{-1} = 3.04$ nm，100 mmol L^{-1} NaCl では $\kappa^{-1} = 0.963$ nm となる．

5.4 ドデシル硫酸ナトリウムの化学式は $C_{12}H_{25}SO_4Na$ なので
$$\mathrm{HLB} = 38.7 - 12\times 0.475 + 7 = 40$$
オクタオキシエチレンドデシルエーテルの化学式は $C_{12}H_{25}(OC_2H_4)_8OH$ なので
$$\mathrm{HLB} = (0.33\times 8 + 1.9) - 12\times 0.475 + 7 = 5.84$$

5.5 界面活性剤分子が単分散状態から数十分子会合したミセルを形成するとき，系の自由エネルギー変化に対してエントロピー支配になるのは，炭化水素鎖の周りの溶媒が疎水結合から自由水に変わるためである．

5.6 コロイド粒子 1 個の体積は $(0.01\times 10^{-4})^3\ \mathrm{cm}^3$ であるので，1 g の金から次式で示されるコロイド粒子が形成される．
$$\frac{1/19.3}{(0.01\times 10^{-4})^3} = 5.18\times 10^{16}\ (\text{個})$$
比表面積は
$$6\times (0.01\times 10^{-6})^2\times 5.18\times 10^{16} = 31.1\ \mathrm{m}^2$$

索 引

あ

IEP ⇨ 等電点
アニオン界面活性剤　47, 164
アニオン型交換樹脂　46
α_s 法　118
Antonoff の式　85

い

イオン界面活性剤　47
イオン間距離　11
イオン性ミセル　171
一次凝集　149
一次元コロイド　136
一次物性　74

う

ウィルヘルミー型表面張力検出器　88
ウェンツェルの式　59
ウルフの定理　72

え

H_a, H_b 関数　125
HLB ⇨ 親水親油のバランス
HLB 基数値　161
HLB 値　153
泳動速度　52
AFM ⇨ 原子間力顕微鏡

液晶　100
液晶相　154
液晶乳化法　154
液体架橋　44
　――力　75
液体構造　20
液体薄膜　176
液体膨張膜　88
液体膜　88
液滴法　58
ESCA ⇨ X 線光電子分光法
SDS ⇨ ドデシル硫酸ナトリウム
STM ⇨ 走査トンネル顕微鏡
X 線光電子分光法　195
XPS ⇨ X 線光電子分光法
X 膜　94
FT-IR ⇨ フーリエ変換赤外分光法
エマルション　150
LB 膜　86, 93
エーロゾル　46, 83
塩基強度 H_b　126
塩基指示薬　126
エントロピー減少　159
エントロピー効果　50

お

オージェ電子　196
　――分光法　36, 196
O/W/O 型エマルション　151
O/W 型エマルション　151

か

会合平衡　171
回転粘度法　92
界　面　19
界面エントロピー　29,30
界面相　29
界面張力　19,21
界面沈殿法　101
界面電荷　145
界面動電位　51
界面動電現象　46
界面濃度　30
解離吸着　124,132
解離平衡　144
　——定数　174
化学吸着　13,65,107,111,124
化学的改質　61
　——法　61
化学的緩和　10,12
化学的消泡　182
化学ポテンシャル　30,40,137
拡散層（グイ層）　50
拡散電位　50
拡散電気二重層　50,155
核生成速度　140
拡張係数 S　85
拡張ぬれ　56
加工変質層　15
過剰エネルギー　20,21,22
加水分解法　140
ガス吸着法　130
傾き角　98
カチオン界面活性剤　47,164
カチオン型交換樹脂　47
活性化エネルギー　5,124
活性酸素　132
活性点　15
過飽和度　137
可溶化　173

　——能　173
可溶化ミセル　173
過冷却液体　15
干渉色　178

き

気液表面エネルギー　83
機械乳化法　153
幾何学的形態　16
気固表面エネルギー　83
希釈法　155
ギブズ界面　28
ギブズ吸着量　30,31
ギブズ弾性　92
ギブズ-デュエムの式　29,30,35,174
ギブズの規約　30,31
ギブズの吸着等温式　31
ギブズの表面自由エネルギー変化　39
ギブズ分割界面　34,39
気　泡　179
逆ベシクル　103
逆ミセル　103,166
Cassieの式　59
Cassie-Baxterの式　59
キャナル法　92
球状クラスター　144
吸着サイト　110
吸着速度　111,115
吸着単分子膜　87
吸着等圧線　109
吸着等温式　109
吸着ポテンシャル　108,124
凝集(格子)エネルギー　9
凝集仕事　2,81
凝集法　136
凝縮膜　90
強制乳化　152
競争吸着　116
共役塩基　126
共役酸　125

索 引

極限面積　90
極性成分　188
巨大ミセル　171
均一沈殿法　140
キンク　15
金属アルコキシド　141

く

グイ電位　50
屈折率法　155
クラスター　78, 136
クラフト点　168
Griffithの式　187
クリーミング　157
黒　膜　178

け

形状パラメーター　27
傾板法　58
欠　陥　15
結合エネルギー　9, 10
結合角　12
結合軌道　12
結合の不飽和　5
　　――度　6, 10, 15
結晶核　137
結晶成長　7
結晶面　7
ゲ　ル　136
ゲル乳化法　154
ケルビンの式　2, 44, 74
ケルビンの毛管凝縮式　45, 120
限界粒子径　75
原子間力顕微鏡　1, 200
原子密度　12
懸滴法　26

こ

交換エネルギー　21
交換吸着　130
格子位置　11
格子振動　79
格子定数　9
格子点　5
格子ひずみ　9
後退接触角　58
固液界面エネルギー　83, 190
固液界面エンタルピー　191
固体酸点　128
固体膜　89
固定層　50
　　――表面　148
小波法　24
コーエンの法則　49
コロイド　135
　　――粒子　135
混合ミセル　173
混成軌道　12

さ

細孔の連続構造　17
細孔分布　17, 119
　　――の測定法　45
最大張力　24
再配列　9
酸・塩基性　71
酸化・還元　132
酸　型　127
酸強度 H_a　125
三次元コロイド　136
3相乳化法　154
散乱電子　36

し

cmc　33
自己凝集力　85
自己疎液性液体　65
自己組織体　167
自己疎水化　86
仕事関数　198
仕事量　7,8
Zismanプロット　63
自然乳化　152
湿潤熱　83,190
CVD法　61,70
自由エネルギー　40,81,82
重量法　115
シュテルン層　50
シュテルン電位　148
ジュプレックス膜　84
焼結温度　71
消泡　181
触媒活性　71
芯液　176
親水親油のバランス　160
親水性表面　13
振動ジェット法　24
浸透速度法　58
浸透ぬれ　57
親和係数　115

す

水蒸気吸着等温線　14
水素結合　132
垂直浸漬法　93
垂直板法　58
水平付着法　93
ステップ　15

せ

成長法　70
静的(平衡)表面張力　23
静的界面張力　24
静電気的反発ポテンシャル　158,159
静電気的な相互作用力　75
静電反発力　148
析出　36
────速度　7
積分吸着熱　192
ζ電位⇒界面動電位
ゼータ電位⇒界面動電位
接触角　41
ZPC⇒ゼロ電荷点
Z膜　95
ゼロクリープ法　186
ゼロ電荷点　48
前進接触角　58
線分析　197
占有面積　88
染料法　155

そ

層間距離　11
相互作用エネルギー　19,20
走査AES (SAM)　197
走査トンネル顕微鏡　1,198
相対表面過剰　31
────量　38,39
相転移温度　153
相転移(PI)法　153
相分離　21
ゾル　136
ゾル-ゲル法　141

た

対称伸縮振動　97

帯電　46
対ポテンシャルエネルギー　19
多鎖多親水基型　164
多重層ベシクル　100
多重二分子膜　99
脱離速度　111
W/O 型エマルション　101, 150
W/O/W 型エマルション　101, 150
多分子層吸着　110, 112
多分子膜　99
単一二分子膜　103
単一ベシクル　100
単一泡沫　179
単位面積あたりの表面自由エネルギー　22
弾性項　91
単分子層吸着量　111, 116, 118
単分子膜　86
　　──の状態方程式　90

ち

チャージアップ　195
超微粒子　78
超分子会合体　166, 170
沈降電位　55
沈殿法　140

つ

吊り板法　24, 25

て

定圧法　115
デイヴィス・ライデル式　90
DLVO 理論　147
D 相乳化法　153
低速電子回折⇒LEED
DDS　104
定容法　115

デバイワーラー因子　80
Dubinin-Radushkevitch の式　114
Dubinin-Radushkevitch の吸着ポテンシャル理論　114
転位　15
電位決定イオン　48, 147
電位勾配　54
展開単分子膜　87
展開溶媒　87
電気陰性度　145
電気泳動　51
電気浸透　53
電気浸透量　54
電気伝導法　155
電気二重層　11, 147, 158
　　──の厚さ　52
電気乳化法　101
電子供与性　71
電子受容性　71
電子分光法　194
転相乳化法　153
電場強度　193

と

等量吸着熱　114
等温蒸留　2
透過吸収分光法　95
凍結乾燥法　139
等浸透圧　104
動的界面張力　24
動的表面張力　23
等電点　48, 146
特性 X 線　196
特性曲線　114
ドップラー効果　52
ドデシル硫酸ナトリウム　33
曇点　168

な

内部エネルギー　20

に

ニオソーム　100
二次凝集　149
二次元コロイド　136
二次元再配列　12
二次元最密充塡構造　118
二次電子　196
二次物性　74
ニート相　166
二分子膜　99
乳化剤　150

ぬ

ぬれ　56
ぬれ性　190
ぬれ熱　83

ね

ネルンストの式　49
粘性項　91

の

ノイマンの三角形　84

は

配位結合　132
配位数　9
配向吸着　65
排除占有面積　90
Harkins-Juraの絶対法　193
HarkinsとJordanの補正表　25

薄膜法　101
橋かけ凝集　150
パッキング係数　118
パネット-ファヤンスの規則　117
破泡剤　182
ハマカー定数　75, 149, 158
ハメット指示薬　130
パリセード層　173
反射吸収分光法　95
Hansenの界面　30
Hansenの規約　35
反発エネルギー　149
反発ポテンシャル　159

ひ

非イオン界面活性剤　164
非晶質固体　15
ひずみエネルギー　9, 36
非対称伸縮振動　97
比電気伝導率　55
ヒドロトロピー　176
非破壊的分析法　195
比表面積　118
PVD法　61, 70
被覆率　111
微分吸着熱　192
ひも状ミセル　171
標準化学ポテンシャル　137
標準吸着等温線　122
標準ミセル形成熱　175
表面　19
表面・界面特性　78
表面圧　87, 88
表面エネルギー　9, 10, 65, 70, 71, 189
表面エンタルピー　10, 189
表面エントロピー　22
表面凹凸　11, 12
表面拡散　5
表面過剰エネルギー　21
表面過剰体積　5

索 引

表面緩和　6, 12
表面機能　17, 78
表面自由エネルギー
　　8, 13, 22, 36, 67, 71, 185
表面設計　62
表面全エネルギー　23, 27
表面組成（偏析量）　40
表面張力　5, 9, 19, 20, 22
表面電位　49, 50
表面電荷　48
表面特性　78
表面内部エネルギー　22
表面粘性　92
表面の各種機能　16
表面の緩和　10
表面の定積熱容量　23
表面不均質　15
表面偏析組成　40

ふ

負圧　43
ファンデルワールス力　75, 148
V-tプロット法　118, 122
Fordhamの補正表　27
複合エマルション　151, 154
付着仕事　2, 81, 82
付着ぬれ　56
付着力　75
物理吸着　13, 107
物理的改質　61
　――法　61
物理的緩和　11
物理的消泡　182
不溶性単分子膜　87
ブラウン運動　2, 49
プラトーボーダー　179
フーリエ変換赤外分光法　197
フレンケルの吸着等温式　114
ブレンステッド酸点　129, 131
ブレンステッドの定義　124

フロインドリッヒの吸着等温式　113
プロトン和　132
分割界面　28
分散エネルギー　83
分散嗜好性　60, 190
分散質　150
分散媒　150
分散法　70, 136, 155
分子間エネルギー　19
分子間ポテンシャル　3
分子断面積　118
分子配向　3
分子密度　5, 28
分子面積　87
粉体帯電　7
粉体物性　74
噴霧乾燥法　139
分離圧　178

へ

平均活量係数　33
へき開　10
　――法　187
ベシクル　100
BETの吸着等温式　112
BETプロット　118
ヘルムホルツ-スモルコフスキーの式　54
ヘルムホルツの表面自由エネルギー　22
偏光分光法　95
偏析　35
偏析（吸着）等温線　39
ヘンリー係数　52
ヘンリーの吸着等温式　110

ほ

崩壊膜　89
膨潤ミセル　173
棒状ミセル　171
包接化合物　176

214　索　引

膨張膜　90
泡　膜　176
泡　沫　179
　　──塊　179
補助活性剤　155
ポテンシャルエネルギー　5, 107
ボルツマン分布　2

ま

マイクロエマルション　151
膜転移　88
マクロエマルション　151
マクロ物性　62
マラゴニー効果　181

み

見掛けの接触角　59
ミクロ物性　62
ミセル　165
　　──形成熱　174
ミドル相　167

む

無極性成分　188

め

面心立方最密充塡構造　118
面分析　197

も

毛管凝縮　67
毛管現象　41
毛管上昇法　58

や

ヤングの式　57, 64, 86
ヤング-ラプラスの式　66

ゆ

融解温度　71

よ

溶解度　73
　　──積　48, 139, 144
溶解熱　189
溶媒乾燥法　139
溶媒置換法　101
抑　泡　181

ら

ラジオトレーサー法　32
ラプラスの式　2, 42
ラメラ状　103
ラングミュア型吸着等温線　65
ラングミュアの吸着等温式　110
ラングミュア-ブロジェット膜　93
Langmuir-McLean 型　39

り

立体反発ポテンシャル　159
立方格子　20, 21
LEED　36, 79
リポソーム　100
粒　界　36
粒　度　70
流動電位　54
両親媒性　159
両性界面活性剤　164
粒度分布　136, 138

臨界核　　138
臨界接触角法　　21
臨界表面張力　　63, 189
臨界ミセル濃度　　168
輪環法　　24

る

ルイス塩基　　125
ルイス酸　　125
ルイス酸点　　129, 131
ルイスの定義　　124

れ

レオロジー因子　　91

ろ

ロス・マイレス法　　181

わ

Y膜　　95

故 近澤　正敏（ちかざわ　まさとし）（工学博士）
1965年3月　名古屋工業大学工業化学科卒業
1967年3月　同修士課程修了
1968年4月　東京都立大学工学部助手
1985年4月　東京都立大学工学部助教授
1986年7月　東京都立大学工学部教授
1997年4月　東京都立大学大学院工学研究科教授
2000年6月　北京化工大学客員教授
2004年4月　東京都立大学名誉教授

田嶋　和夫（たじま　かずお）（理学博士）
1961年3月　東京都立大学理学部化学科卒業
1963年3月　東京都立大学大学院理学研究科物理化学専攻修士課程修了（理学修士）
1963年6月　東京都立大学理学部助手
1984年4月　神奈川大学工学部助教授
1990年4月　神奈川大学工学部教授（現在に至る）
1996年4月　神奈川大学大学院工学研究科応用化学専攻教授（現在に至る）
専門：界面化学・物理化学

基礎化学コース
界　面　化　学

平成13年9月25日　発　　　行
令和 6年7月20日　第14刷発行

著作者　　近　澤　正　敏
　　　　　田　嶋　和　夫

発行者　　池　田　和　博

発行所　　丸善出版株式会社
〒101-0051 東京都千代田区神田神保町二丁目17番
編集：電話(03)3512-3262／FAX(03)3512-3272
営業：電話(03)3512-3256／FAX(03)3512-3270
https://www.maruzen-publishing.co.jp

© Masatoshi Chikazawa, Kazuo Tajima, 2001

組版印刷・三報社印刷株式会社／製本・株式会社 松岳社

ISBN 978-4-621-04910-5 C 3343　　　Printed in Japan

本書の無断複写は著作権法上での例外を除き禁じられています。

基礎化学コース　タイトル一覧

基礎

無機化学 I	平野眞一	2,900 円
有機化学 I	山岸敬道	2,800 円
有機化学 III	山岸敬道・山口素夫・彌田智一	2,400 円
物理化学 I	川副博司	
物理化学 II	阿竹　徹・齋藤一弥	
分析化学 I	保母敏行・井村久則・鈴木孝治	3,200 円
分析化学 II	北森武彦・宮村一夫	3,000 円
生命化学 I	小宮山真・八代盛夫	2,800 円
生命化学 II 第2版	渡辺公綱・姫野俵太	3,800 円

基礎専門

電気化学	渡辺　正・金村聖志・益田秀樹・渡辺正義	2,500 円
高分子化学 II	松下裕秀	2,800 円
光化学 I	井上晴夫・高木克彦・朴　鐘震・佐々木政子	3,200 円
光化学 II	井上晴夫・高木克彦・朴　鐘震・佐々木政子	
熱力学	阿竹　徹・加藤　直・川路　均・齋藤一弥・横川晴美	2,800 円
量子化学 I	井上晴夫	2,900 円
界面化学	近澤正敏・田嶋和夫	3,000 円

コンピューター

コンピューター・化学数学 I	飯塚悦功・兼子　毅・原田　明	
コンピューター・化学数学 II	平尾公彦・山下晃一	
コンピューター・化学数学 III	平尾公彦・山下晃一・北森武彦・越　光男・堤　敦司	

(税別)